Name: Datum:

Mengen vergleichen

1

2

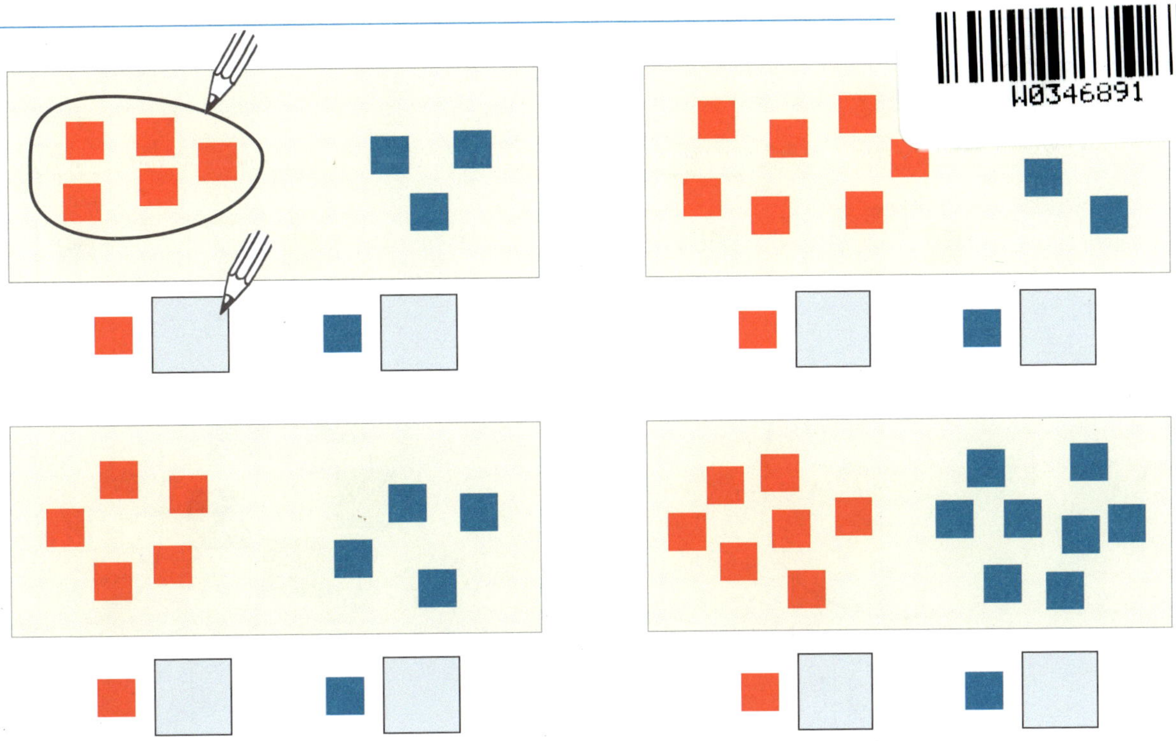

▸AH 1A S. 16/17

Name: Datum:

Mengen vergleichen

1

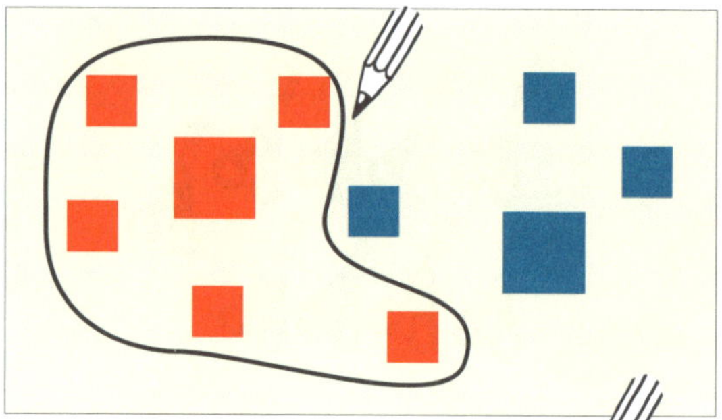

■ 6 ■ [ ]

■ [ ] ■ [ ]

■ [ ] ■ [ ]

■ [ ] ■ [ ]

2

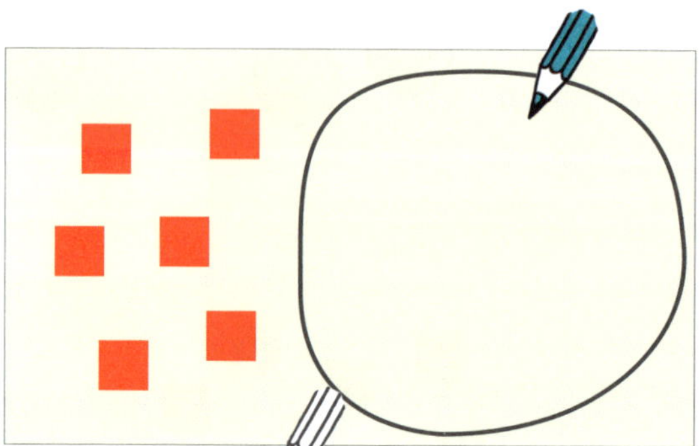

■ [ ] ■ [ ]

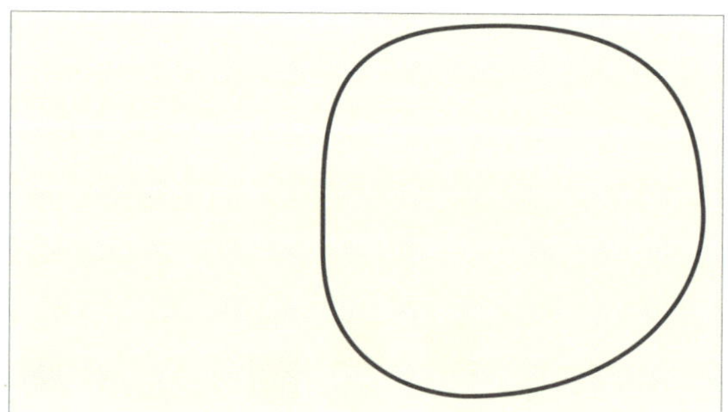

■ 7 ■ 5

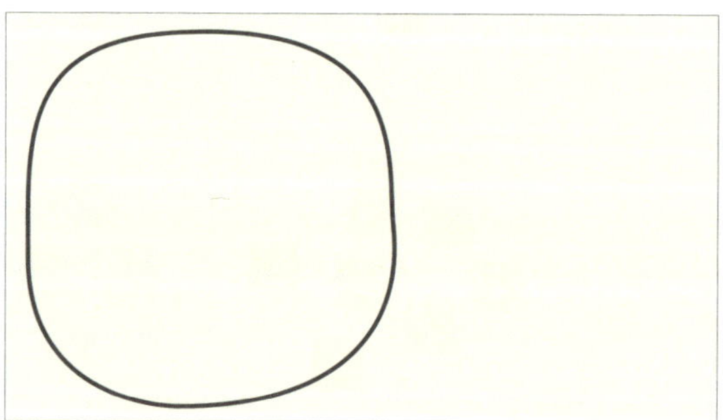

■ 6 ■ 8

■ [ ] ■ [ ]

► AH 1A S. 16/17

Name: Datum:

Zahlen vergleichen

①

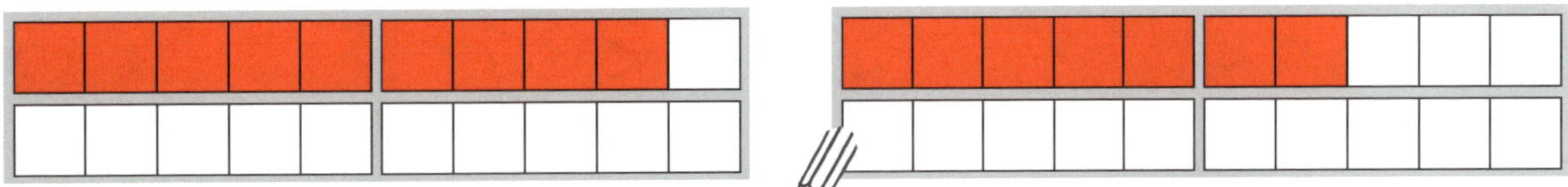

9 ○ □

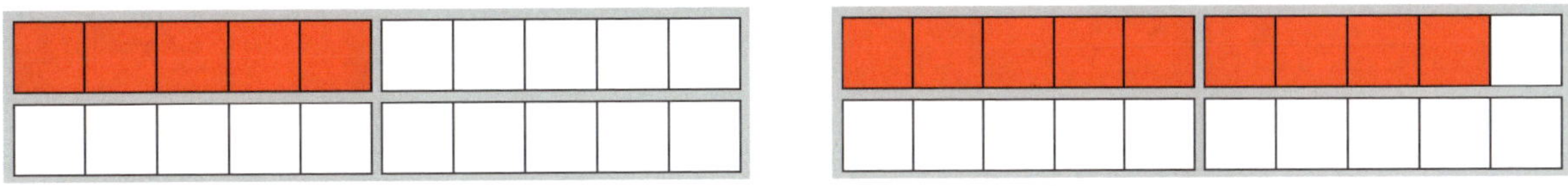

□ ○ □

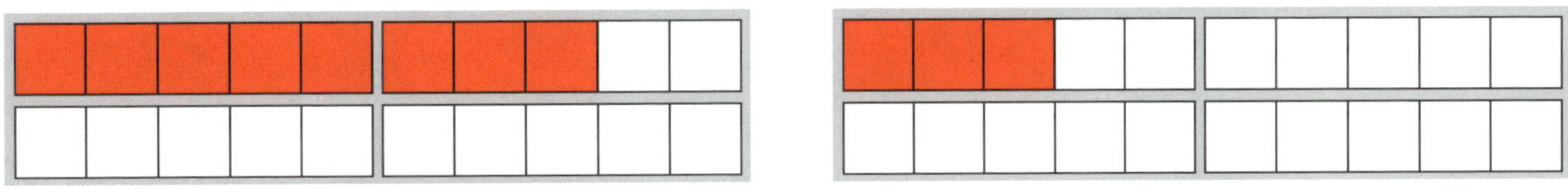

□ ○ □

□ ○ □

②

5 ○ 7 2 ○ 3 9 ○ 8

5 ○ 9 0 ○ 3 2 ○ 1

7 ○ 4 8 ○ 8 6 ○ 6

► AH 1A S. 26–30

Name: Datum:

Zahlen vergleichen

1

5 < ☐ | ☐ < 1 | ☐ > 7

☐ > 9 | ☐ > 6 | ☐ < 6

☐ = 4 | 2 = ☐ | 2 > ☐

☐ < 9 | ☐ < 8 | 1 > ☐

2

☐ > 1 | 10 > ☐ | ☐ < 4

☐ > 2 | 9 > ☐ | ☐ < 3

☐ > 3 | 8 > ☐ | ☐ < ☐

☐ > ☐ | ☐ > ☐ | ☐ < ☐

3

☐ > ☐ > 6 | 7 > ☐ > ☐

3 > ☐ > ☐ | ☐ > ☐ > 2

☐ > 7 > ☐ | 5 < ☐ < ☐

☐ < ☐ < 5 | ☐ < 8 < ☐

▸AH 1A S. 26–30

Name: Datum:

Vorgänger – Nachfolger

①

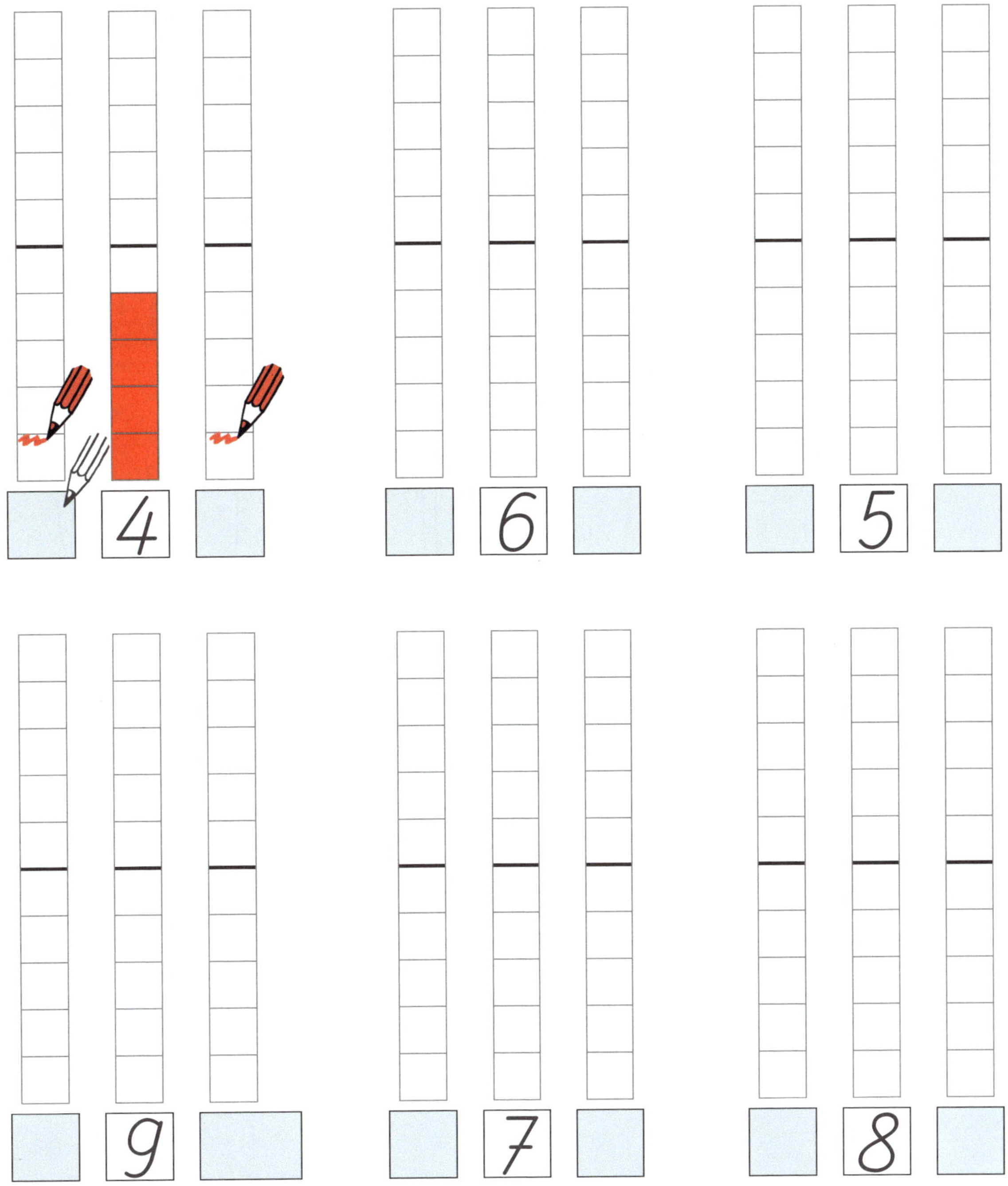

②

Name: Datum:

Vorgänger – Nachfolger

①

②

der Vorgänger		der Nachfolger		der Vorgänger		der Nachfolger
0						3
		4		3		
4						7
		8		7		

③

▸ AH 1A S. 31–33

Name: Datum:

Ordnungszahlen

①

1.	2.	3.							

②

③

									1.

▸ AH 1A S. 34/35

Name: Datum:

Ordnungszahlen

1

2

Name: Datum:

Formen erkennen

①

Name: Datum:

Figuren auslegen

1

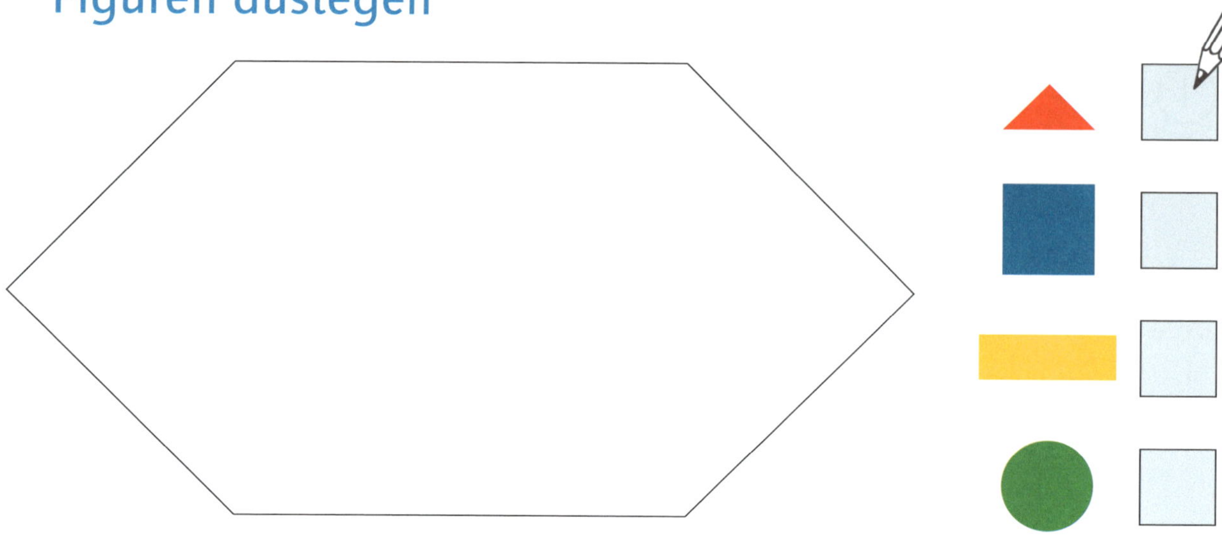

2

3

► AH 1A S. 38–42

Name: Datum:

Figuren nachlegen

①

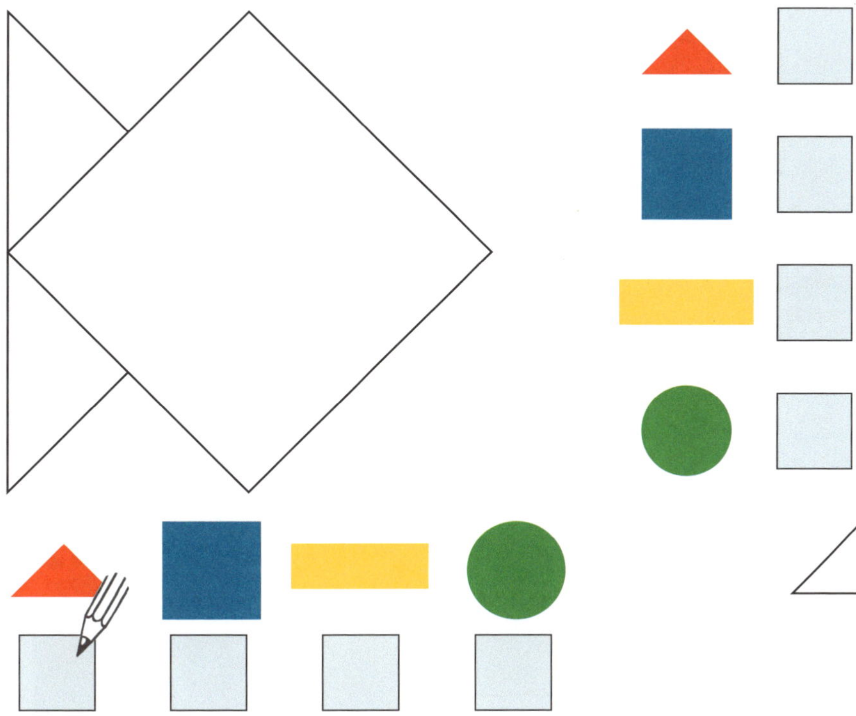

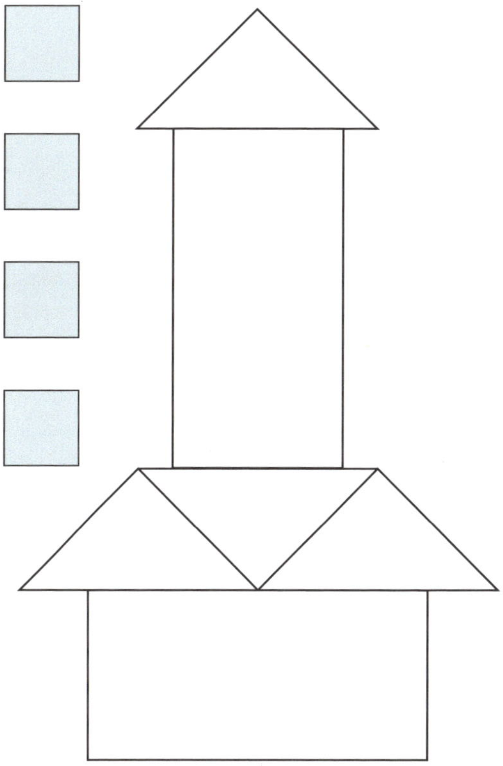

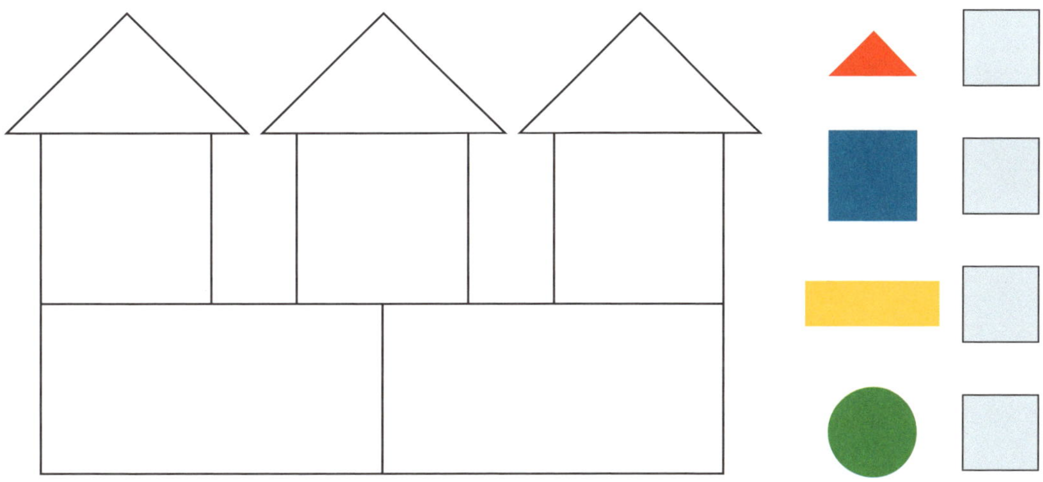

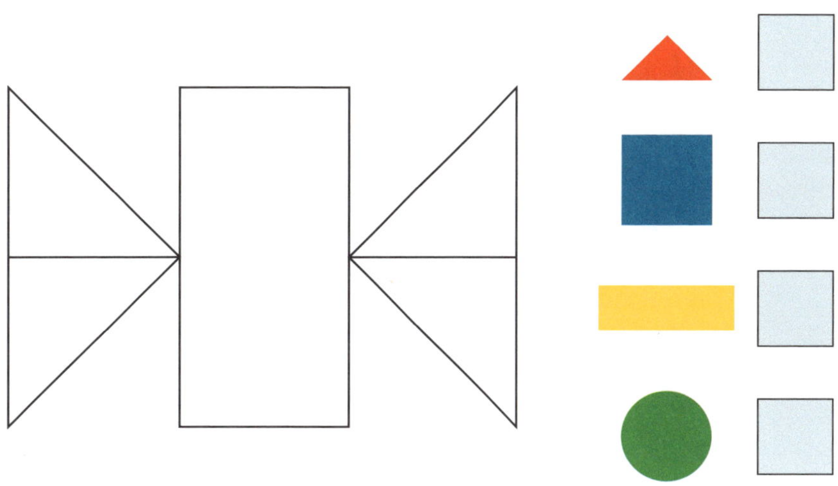

►AH 1A S.43

Name: Datum:

Figuren nachlegen

1

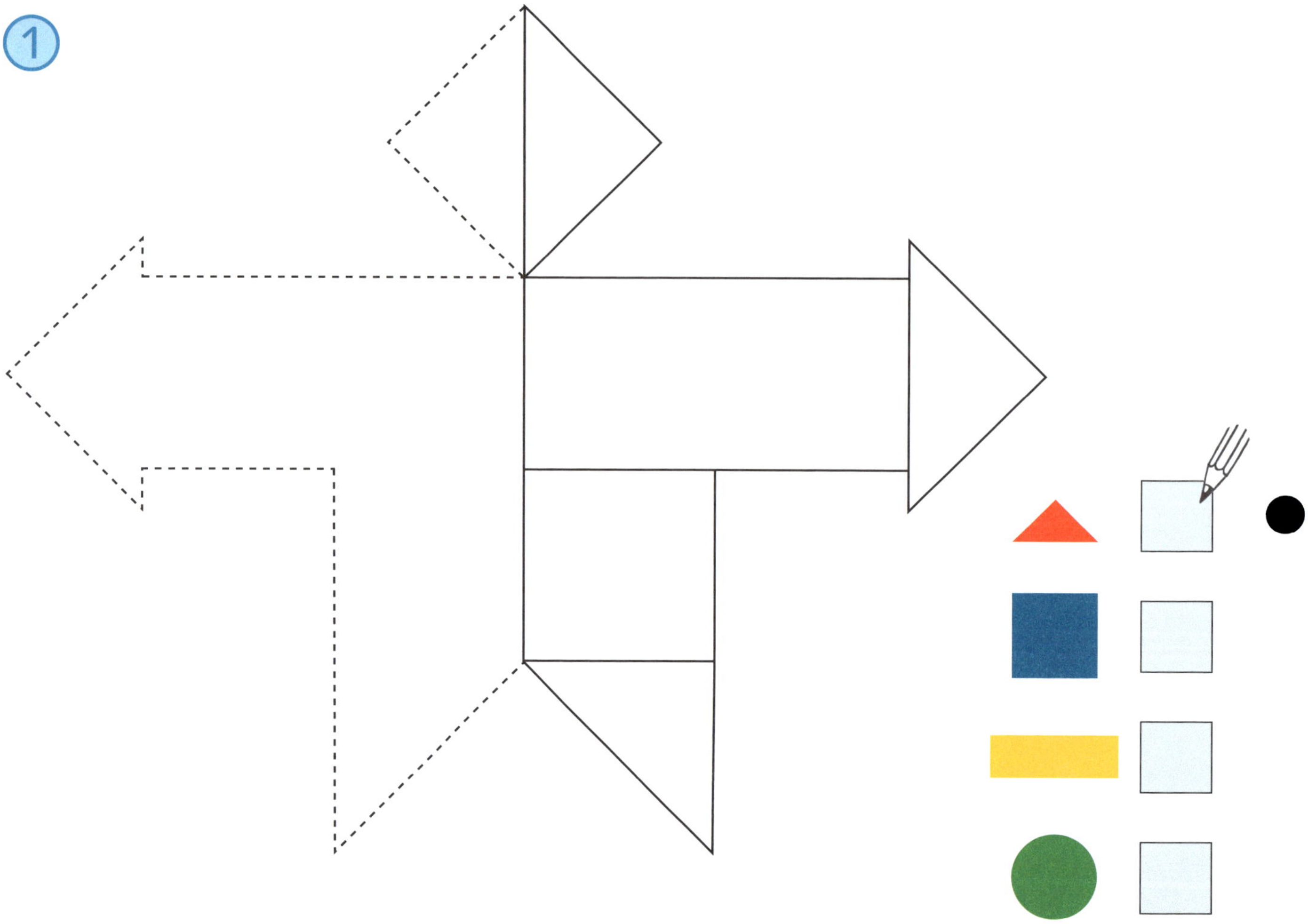

2

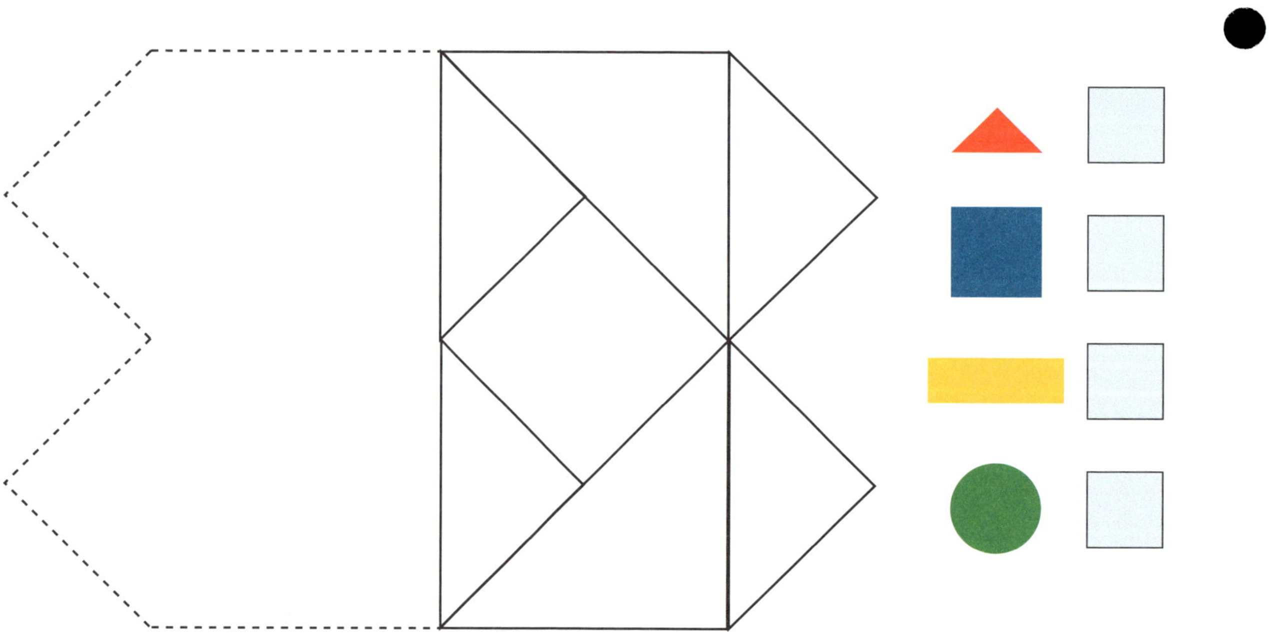

▸ AH 1A S. 43

Name: Datum:

Muster zeichnen

①

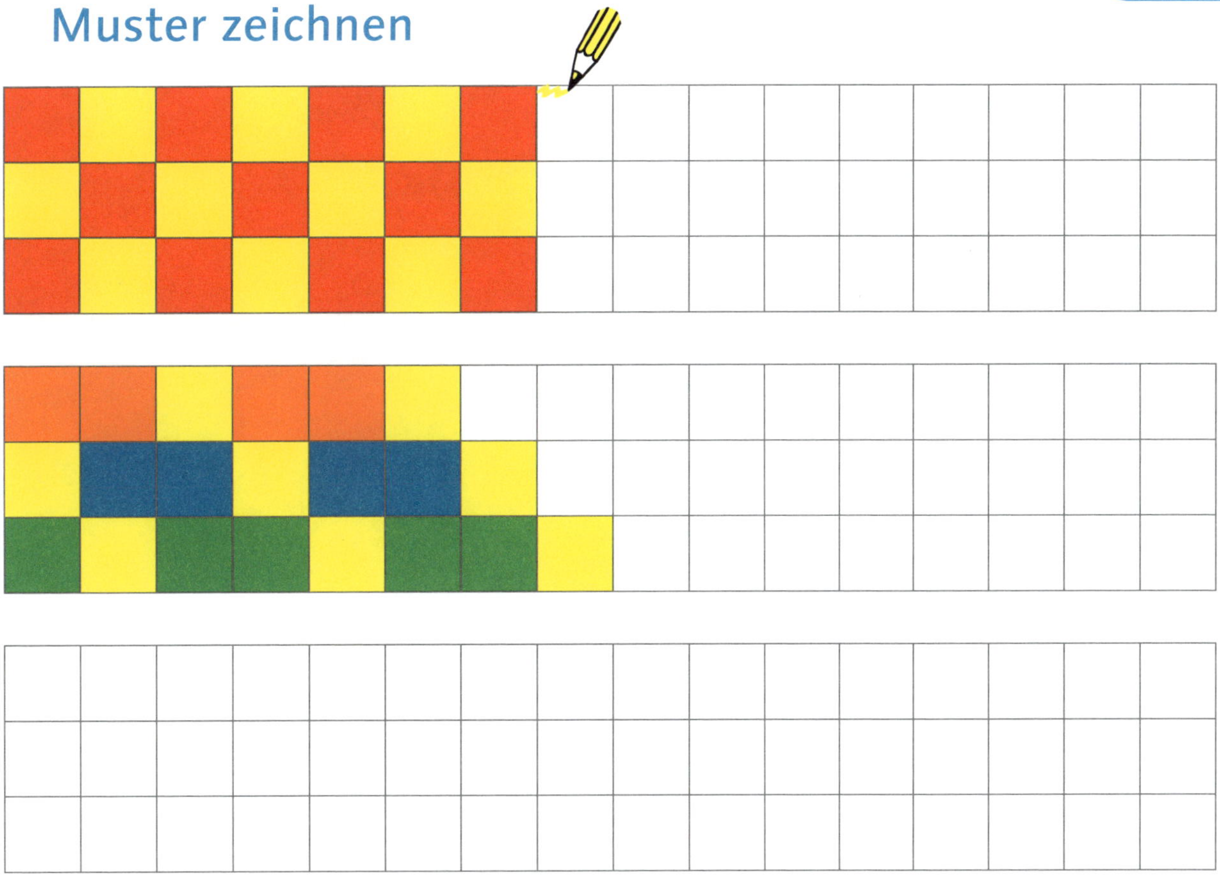

②

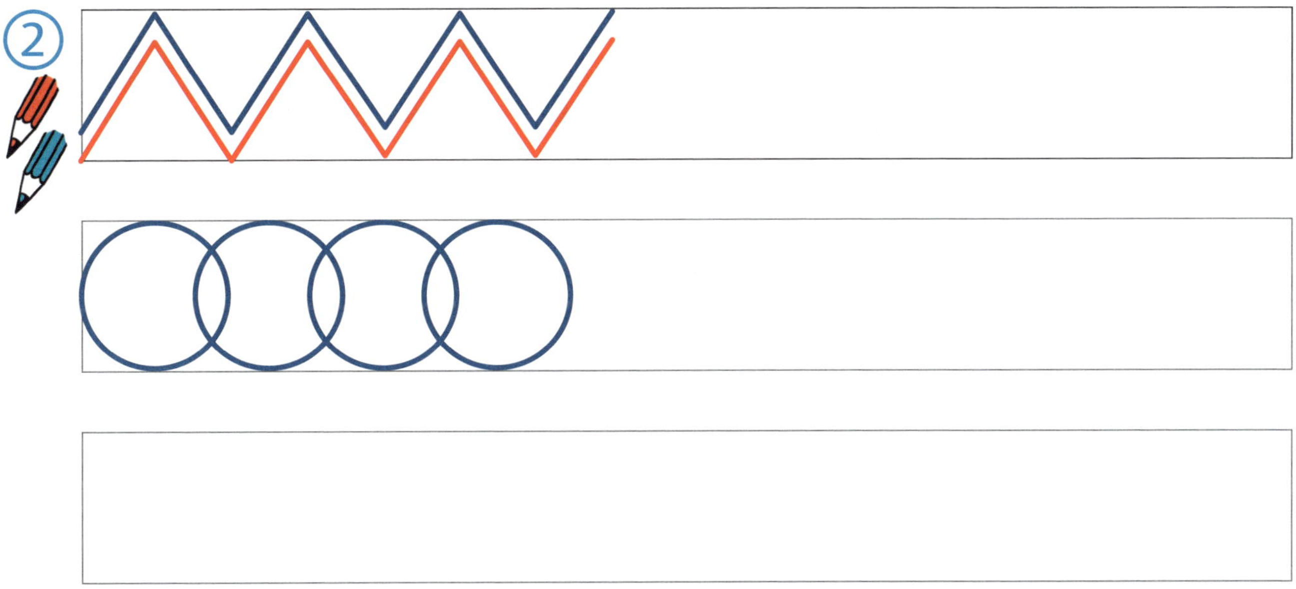

③

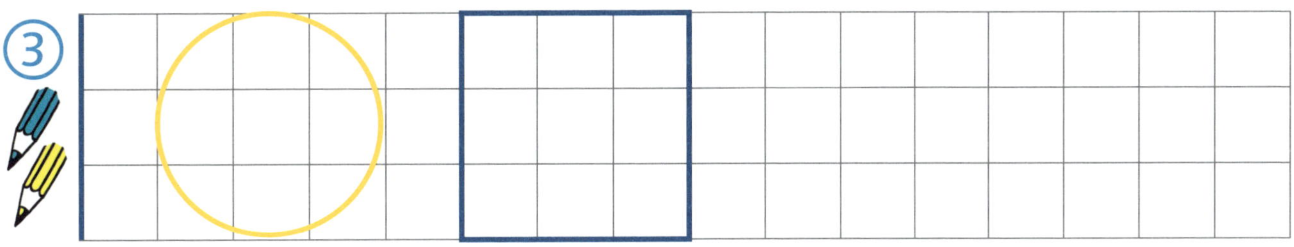

▸ AH 1A S. 45

Name: Datum:

Muster zeichnen

1

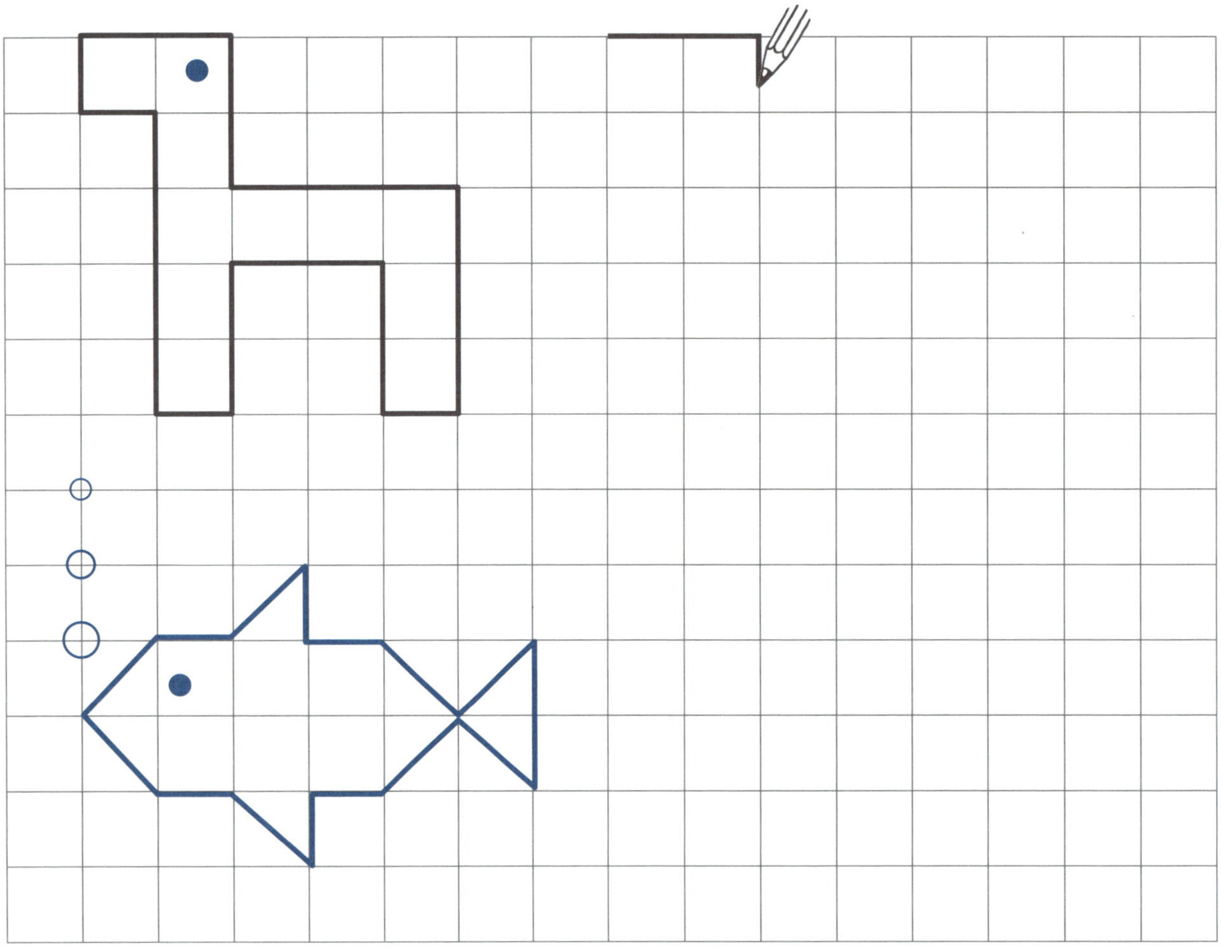

2

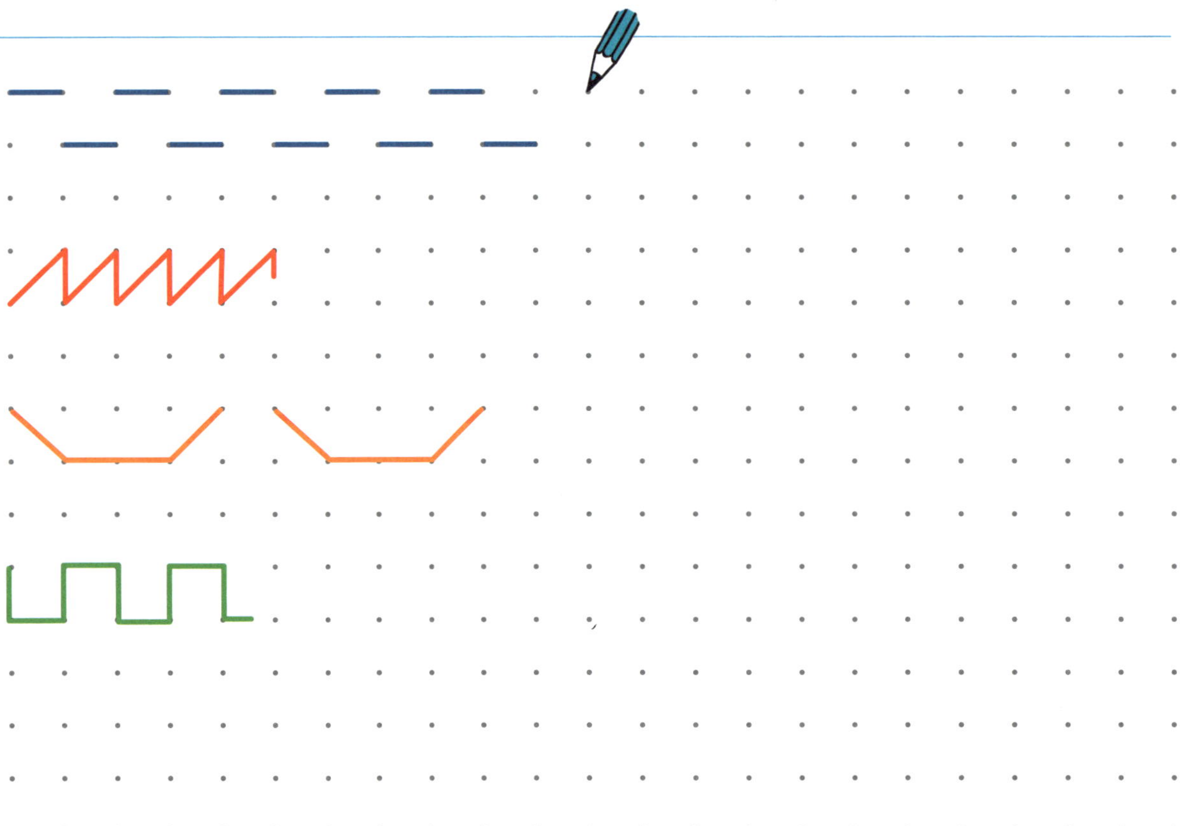

►AH 1A S.45

Name: Datum:

Zahlenmuster

①

10 9 8 7 _ _ _ 3 _ _ _

0 1 _ _ 4 _ _ _ 8 _ _

②

5 6 7 5 6 7 _ _ _

10 9 8 10 9 _ _ _ _

③

2 3 4 5 2 _ _ _ 2

7 6 5 4 7 _ _ _ 7

④

2 2 3 3 4 _ _ _ _ _

9 9 8 8 7 _ _ _ _ _

► AH 1A S. 47

Name: Datum:

Zahlenmuster

①

1	3	5							

0	2	4								

②

0	1	0	2	0						0

1	10	2	9	3	8				6	6

③

0	1	2	1	2	3			

0	2	1	3	2	4					5

④

▸AH 1A S.47

Name: Datum:

Zahlen zerlegen mit der Schüttelbox

①

②

▸AH 1A S. 50–53

Name: Datum:

Zahlen zerlegen mit der Schüttelbox

1

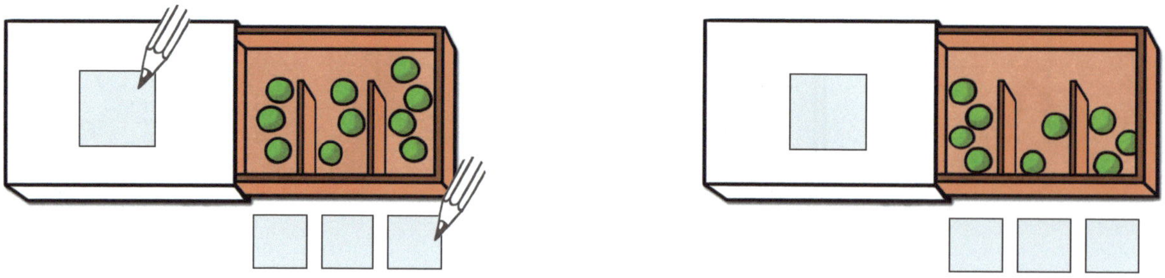

2

3

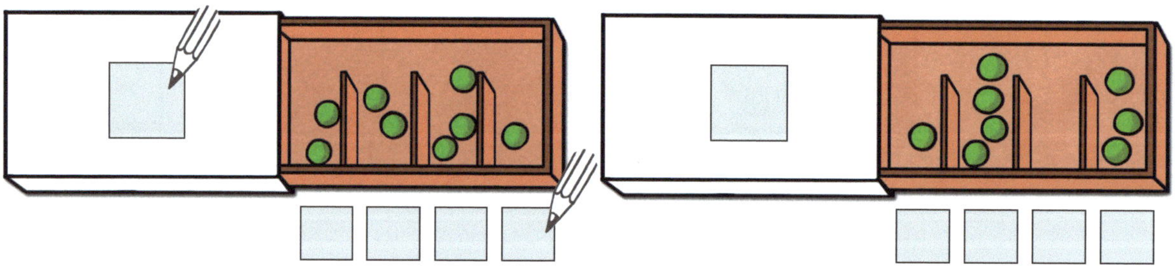

4

▸AH 1A S. 50–53

Name: Datum:

Zahlenhäuser

①

5	
1	
2	
3	
4	

4	
2	
0	
3	
4	

7	
5	
3	
4	
7	

5	
	2
1	
	0
3	

6	
3	
5	
2	
0	

7	
	3
2	
	6
0	

②

8	
5	
6	
7	
8	

8	
3	
	8
4	
	1

8	
2	
6	
	5
	7

►AH 1A S. 54/55

Name: Datum:

Zahlenhäuser

①

7

3	3	1
1	5	
4	1	
6	0	

8

5	1	
4		2
3	0	
	3	3

10

6		3
3	3	
5		5
	4	4

②

6

3	3	
3	2	
3	1	
3		

9

4	1	
4	2	
4		
4		

10

4	5	
3	5	
	5	
	5	

③

8

9

10

▸AH 1A S. 54/55

Name: Datum:

Partnerzahlen – die Zahl 10 zerlegen

①

②

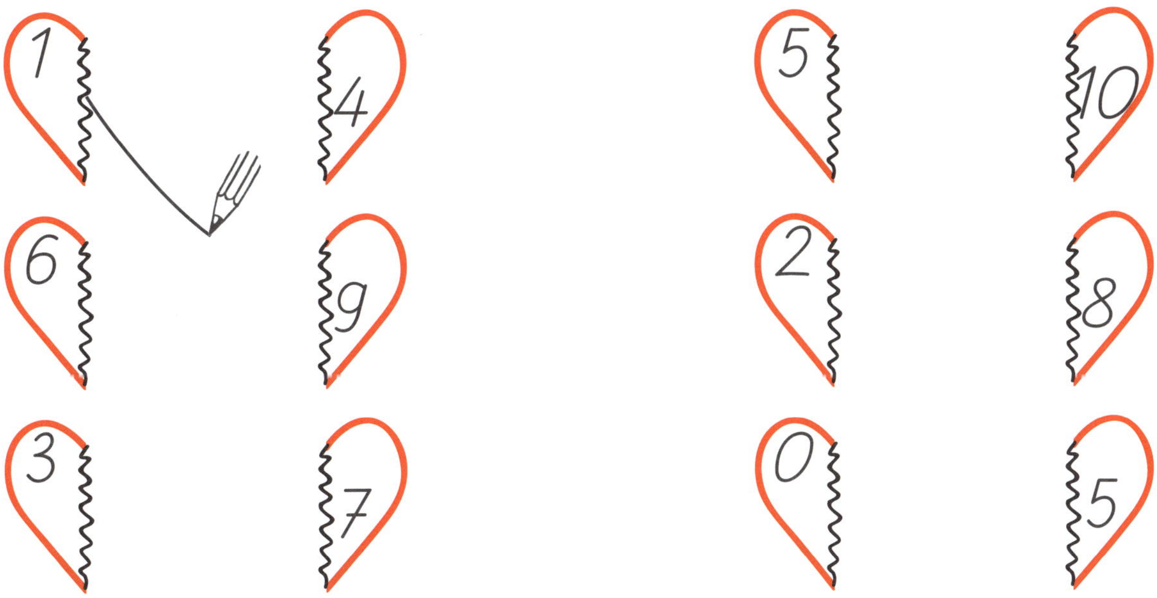

③ Immer 10

4			1	7		8	

▸ AH 1A S. 56/57

Name: Datum:

Partnerzahlen

1 Immer 10

6	

	9

3	

2	

4	1	

7		1

	5	3

3	
1	5

4	
	3

	3
3	

6	
	1

	3		2	

	2			2

3		
	1	1

	2	
2		2

	1	
		3

2 Immer 10

▸ AH 1A S. 56/57

Name: Datum:

Rechengeschichten

①

☐ + ☐ = ☐

☐ + ☐ = ☐

☐ + ☐ = ☐

②

6 + 2 = ☐

► AH 1A S. 60/61

Name: Datum:

Rechengeschichten

1

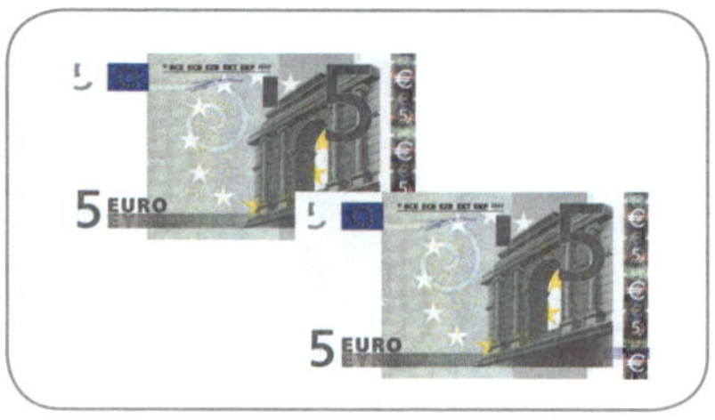

$5 + 5 = \square$

2

$\square + \square = 5$

$\square + \square = 7$

▸ AH 1A S. 60/61

Name: Datum:

Plusaufgaben

1

4 + 4 = ☐

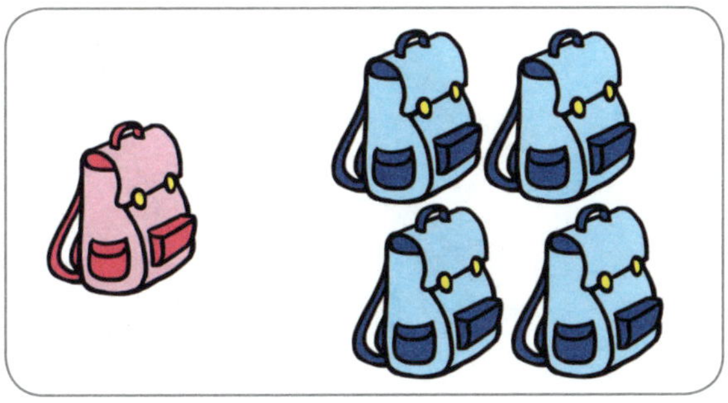

☐ + ☐ = ☐

☐ + ☐ = ☐

☐ + ☐ = ☐

2

5 + 3 = ☐

7 + 2 = ☐

3 + 1 = ☐

2 + 4 = ☐

▸AH 1A S. 62/63

Name: Datum:

Plusaufgaben

1

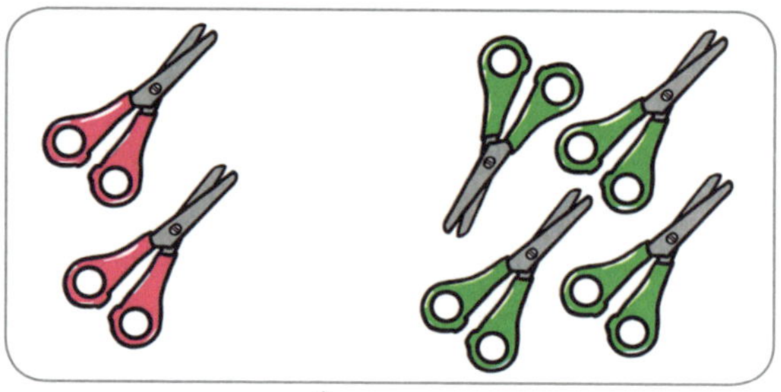

~~3~~ + 4 = 6

2 + □ = □

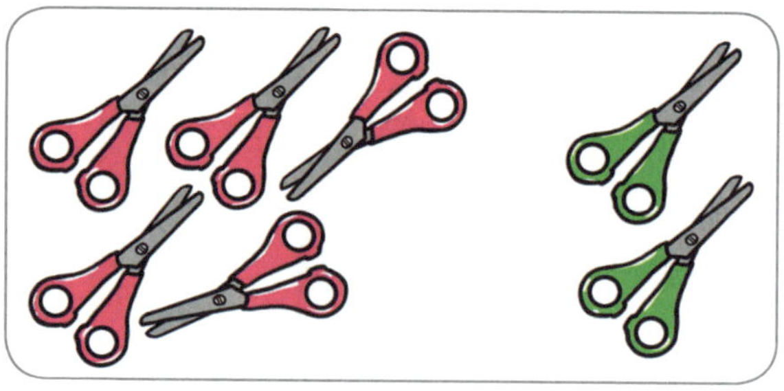

5 + 2 = 6

□ + □ = □

8 + 4 = 10

□ + □ = □

2 + 2 = 5

□ + □ = □

3 + 5 = 7

□ + □ = □

6 + 3 = 7

□ + □ = □

2 < oder >?

○

▸AH 1A S. 62/63

Name: Datum:

Plusaufgaben am Zwanzigerfeld

1

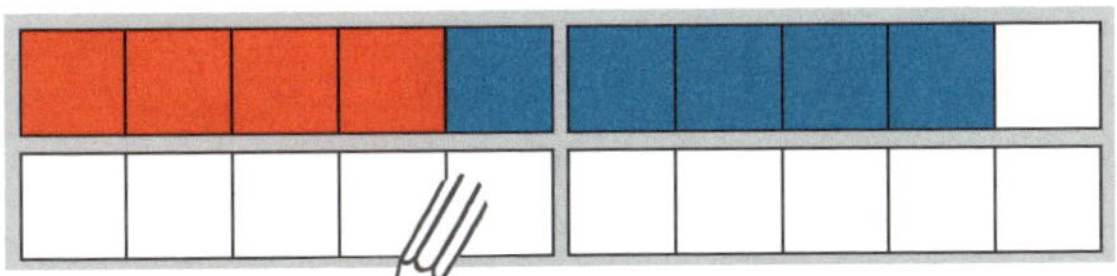

☐ + ☐ = ☐

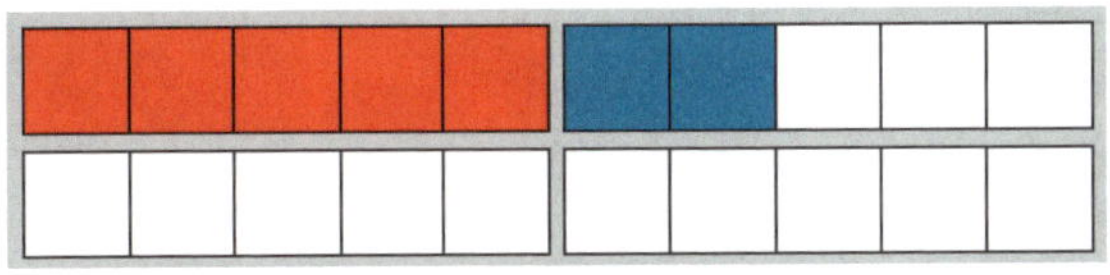

☐ + ☐ = ☐

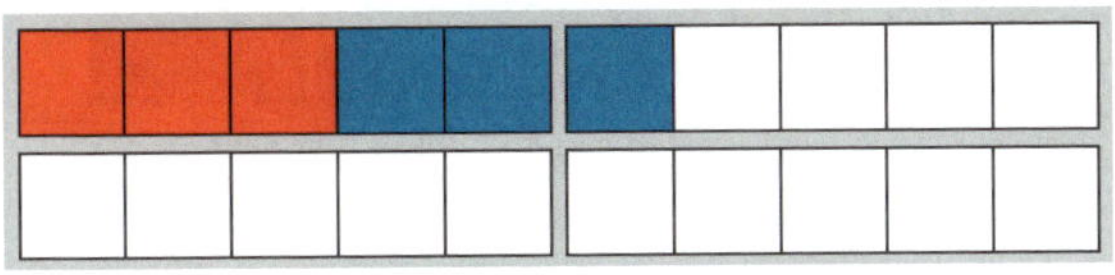

☐ + ☐ = ☐

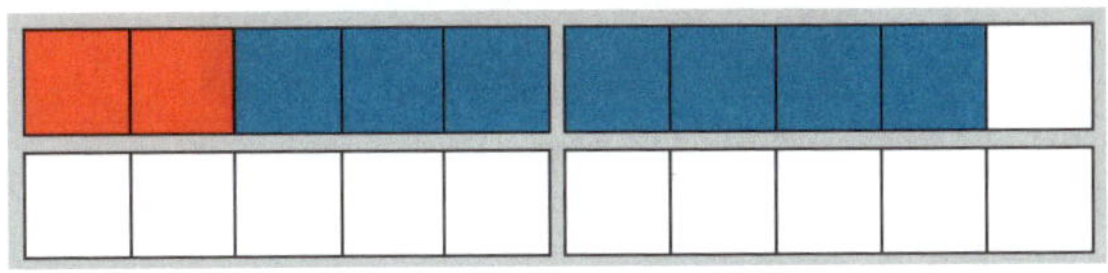

☐ + ☐ = ☐

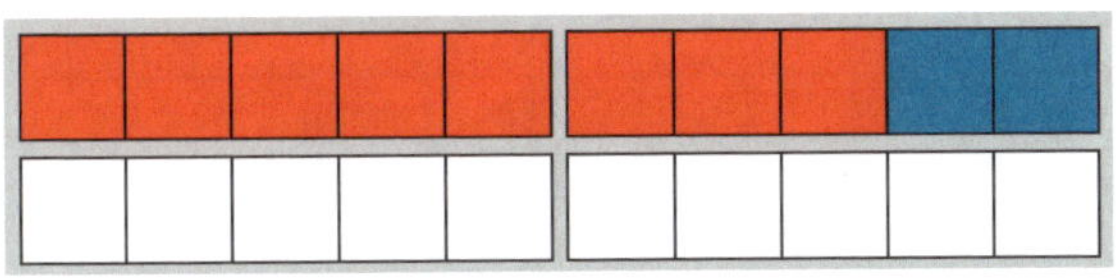

☐ + ☐ = ☐

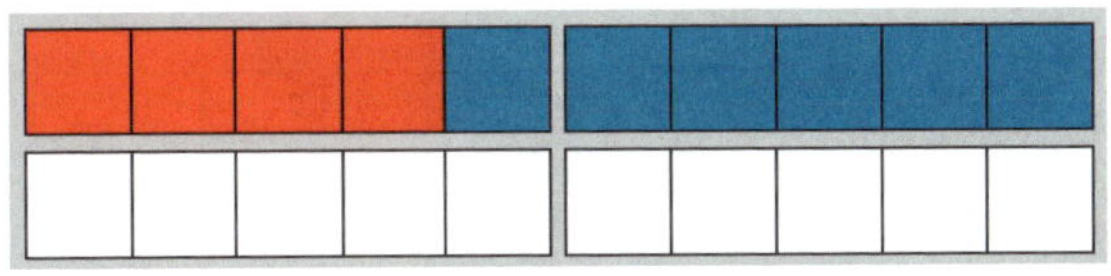

☐ + ☐ = ☐

2

8 + 1 = ☐

6 + 2 = ☐

3 + 2 = ☐

5 + 0 = ☐

2 + 4 = ☐

1 + 5 = ☐

► AH 1A S. 64/65

Name: Datum:

Plusaufgaben am Zwanzigerfeld

1

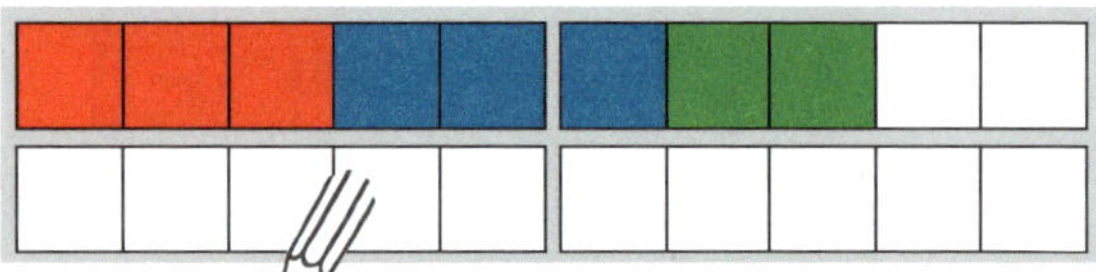

□ + □ + □ = □

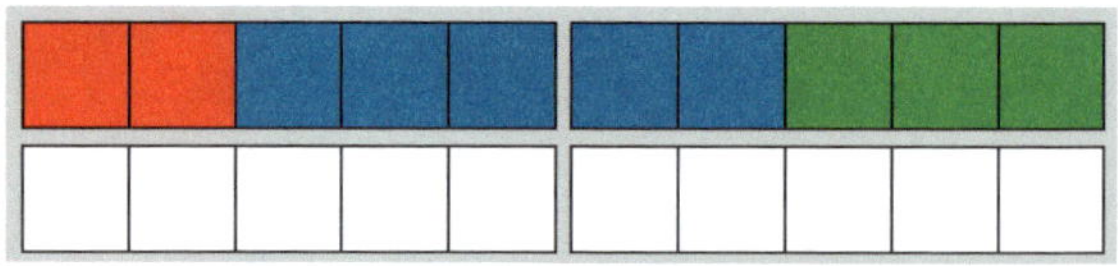

□ + □ + □ = □

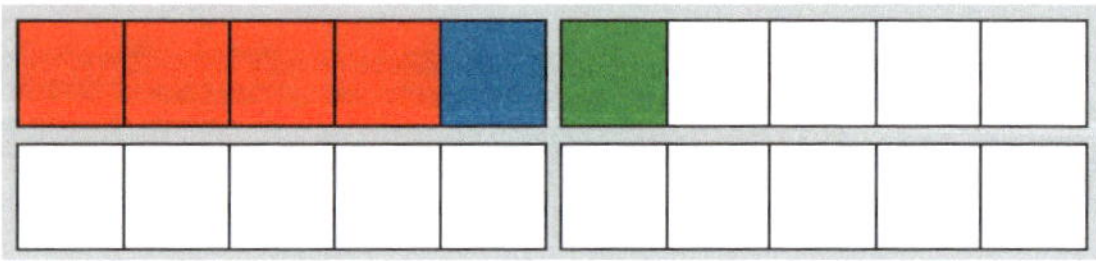

□ + □ + □ = □

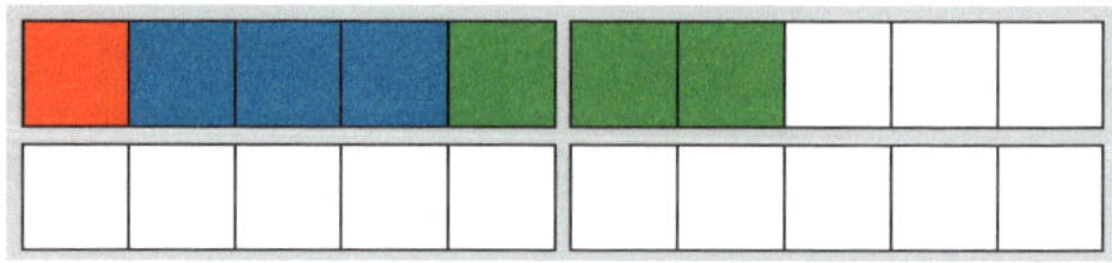

□ + □ + □ = □

2

3 + 3 + 3 = □

2 + 6 + 1 = □

5 + 0 + 4 = □

4 + 3 + 2 = □

3

________________ = 10

________________ = 10

________________ = 10

________________ = 10

▸ AH 1A S. 64/65

Name: Datum:

Entdeckerpäckchen

①

6 + 4 = □
6 + 3 = □
6 + 2 = □
6 + 1 = □

2 + 2 = □
2 + 3 = □
2 + 4 = □
2 + 5 = □

5 + 2 = □
6 + 2 = □
7 + 2 = □
8 + 2 = □

4 + 5 = □
3 + 5 = □
2 + 5 = □
1 + 5 = □

4 + 0 = □
4 + 1 = □
4 + 2 = □
4 + 3 = □

7 + 3 = □
7 + 2 = □
7 + 1 = □
7 + 0 = □

0 + 8 = □
1 + 7 = □
2 + 6 = □
3 + 5 = □

6 + 4 = □
7 + 3 = □
8 + 2 = □
9 + 1 = □

► AH 1A S. 66/67

Name: Datum:

Entdeckerpäckchen

1

5 + 5 = ☐	6 + 1 = ☐
5 + 4 = ☐	7 + 1 = ☐
5 + ☐ = ☐	☐ + 1 = ☐
5 + ☐ = ☐	☐ + 1 = ☐

3 + 6 = ☐	4 + 3 = ☐
2 + 6 = ☐	4 + 4 = ☐
☐ + ☐ = ☐	☐ + ☐ = ☐
☐ + ☐ = ☐	☐ + ☐ = ☐

2

☐ = 2 + 1	☐ = 2 + 7
☐ = 4 + 1	☐ = 2 + 5
☐ = ☐ + ☐	☐ = ☐ + ☐
☐ = ☐ + ☐	☐ = ☐ + ☐

3

☐ + ☐ = 7	☐ + ☐ = 7
☐ + ☐ = 7	☐ + ☐ = 7
☐ + ☐ = 7	☐ + ☐ = 7
☐ + ☐ = 7	☐ + ☐ = 7

▸AH 1A S. 66/67

Name: Datum:

Tauschaufgaben

①

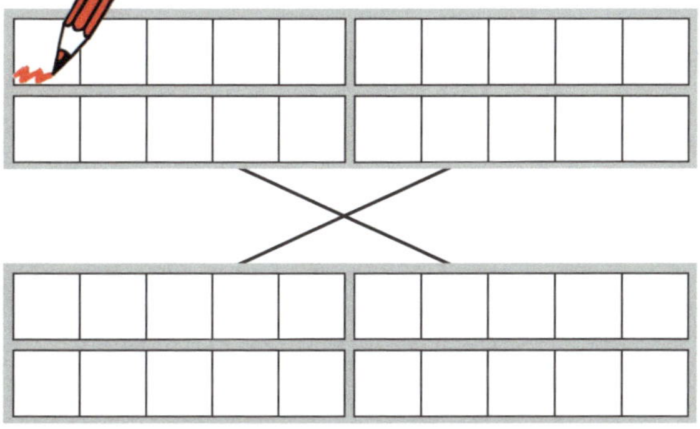

4 + 5 = □

5 + 4 = □

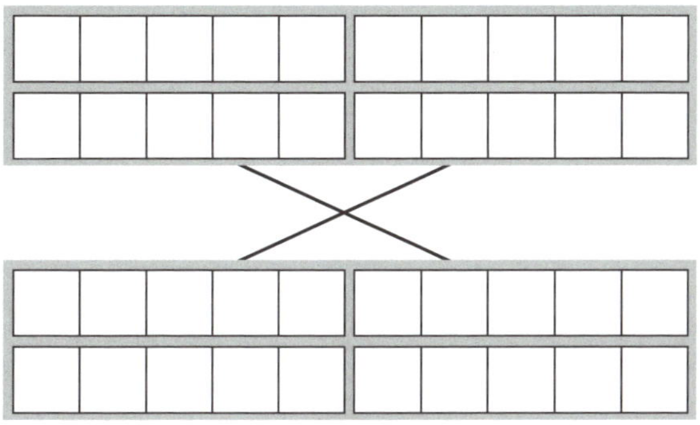

2 + 6 = □

6 + 2 = □

②

1 + 8 = □	2 + 4 = □	3 + 4 = □
8 + 1 = □	4 + 2 = □	4 + 3 = □
5 + 2 = □	3 + 7 = □	0 + 9 = □
2 + □ = □	7 + □ = □	9 + □ = □
4 + 6 = □	1 + 7 = □	3 + 2 = □
□ + 4 = □	□ + 1 = □	□ + 3 = □
□ + 8 = □	□ + 6 = □	□ + 2 = □
8 + 2 = □	6 + 0 = □	2 + 1 = □

► AH 1A S. 68/69

Name: Datum:

Tauschaufgaben

1

1 + 6 = □ 0 + 2 = □ 5 + 3 = □

□ + □ = □ □ + □ = □ □ + □ = □

2 + 7 = □ 3 + 3 = □ 0 + 10 = □

□ + □ = □ □ + □ = □ □ + □ = □

□ + □ = □ □ + □ = □ □ + □ = □

□ + □ = □ □ + □ = □ □ + □ = □

2

2 + 3 + 5 = □

4 + 2 + 1 = □

▸AH 1A S. 68/69

Name: Datum:

Ergänzungsaufgaben

①

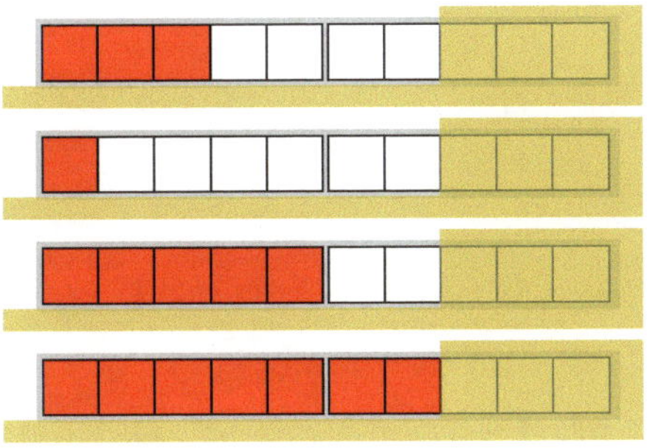

7	
3	
1	
5	
7	

3 + ☐ = 7
1 + ☐ = 7
5 + ☐ = 7
7 + ☐ = 7

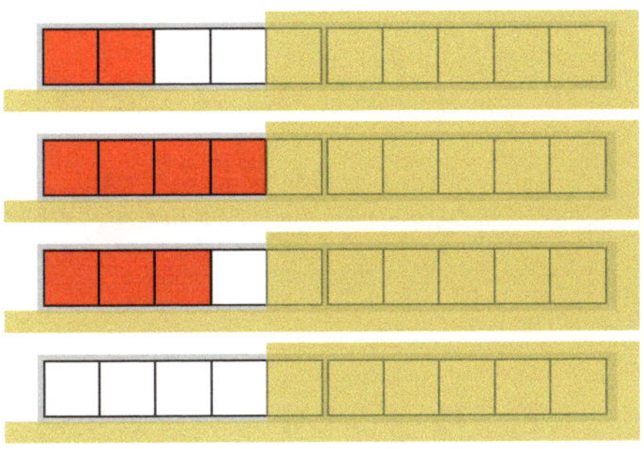

4	
2	
4	
3	
0	

2 + ☐ = 4
4 + ☐ = 4
3 + ☐ = 4
0 + ☐ = 4

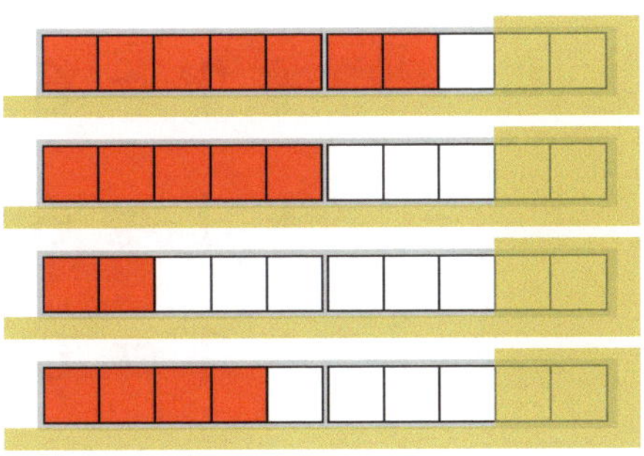

8	
7	
5	
2	
4	

7 + ☐ = 8
5 + ☐ = 8
2 + ☐ = 8
4 + ☐ = 8

▸AH 1A S. 70/71

Name: Datum:

Ergänzungsaufgaben

1

4 + □ = 7
2 + □ = 9
0 + □ = 10

□ + 3 = 6
□ + 5 = 9
□ + 2 = 4

8 + □ = 10
7 + □ = □
5 + □ = □

□ + 3 = 4
□ + 5 = 7
□ + 3 = 8

1 + □ = 8
4 + □ = 5
7 + □ = 7

□ + 4 = 6
3 + □ = 9
□ + 5 = 10

2

2 + □ + □ = 9
3 + □ + □ = 9
5 + □ + □ = 9
3 + □ + □ = 9

□ + □ + 3 = 8
□ + □ + 3 = 8
□ + □ + 3 = 8
□ + □ + 3 = 8

□ + 1 + □ = 7
□ + 1 + □ = 7
□ + 1 + □ = 7
□ + 1 + □ = 7

4 + □ + □ = 9
□ + 4 + □ = 9
□ + □ + 4 = 9
4 + □ + □ = 9

5 + □ + □ = 10
3 + □ + □ = 10
4 + □ + □ = 10
1 + □ + □ = 10

□ + □ + 1 = 6
□ + □ + 1 = 6
□ + □ + 1 = 6
□ + □ + 1 = 6

► AH 1A S. 70/71

Name: Datum:

Figuren legen

(1)

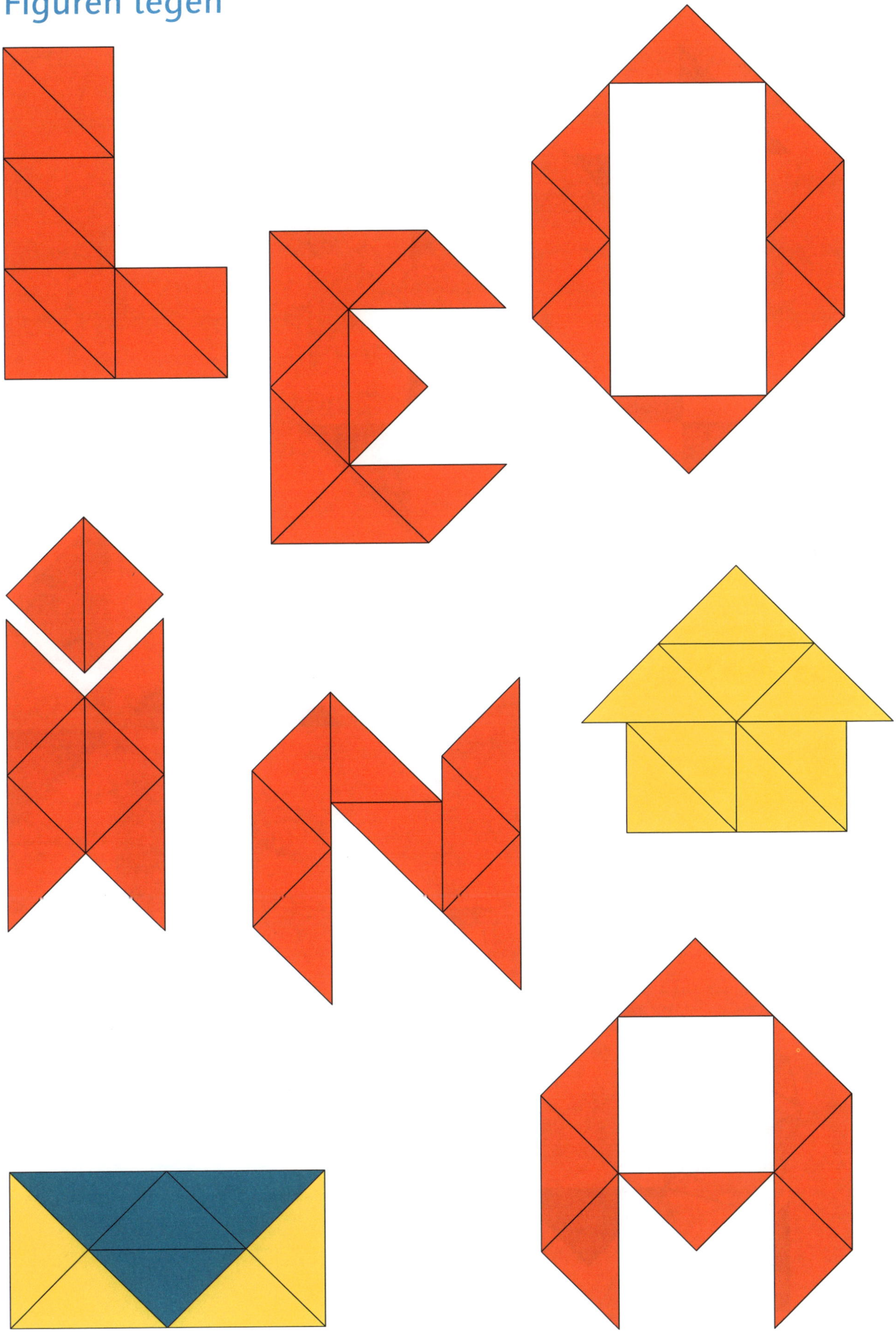

▸ AH 1A S. 74/75

Name: Datum:

Figuren legen

1

▸AH 1A S. 74/75

Name: Datum:

Figuren auslegen

①

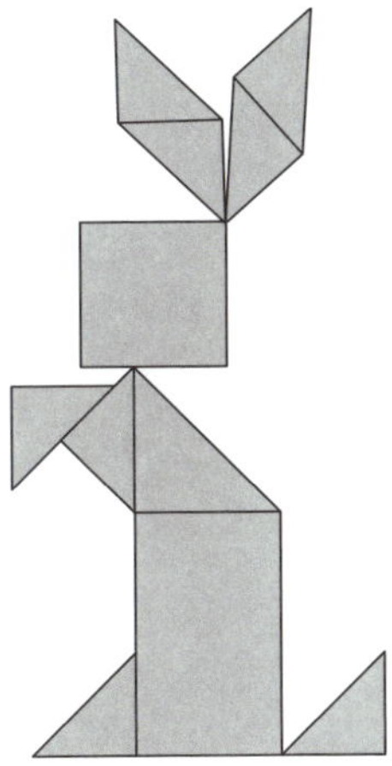

► AH 1A S. 76/77

Name: Datum:

Figuren auslegen

1

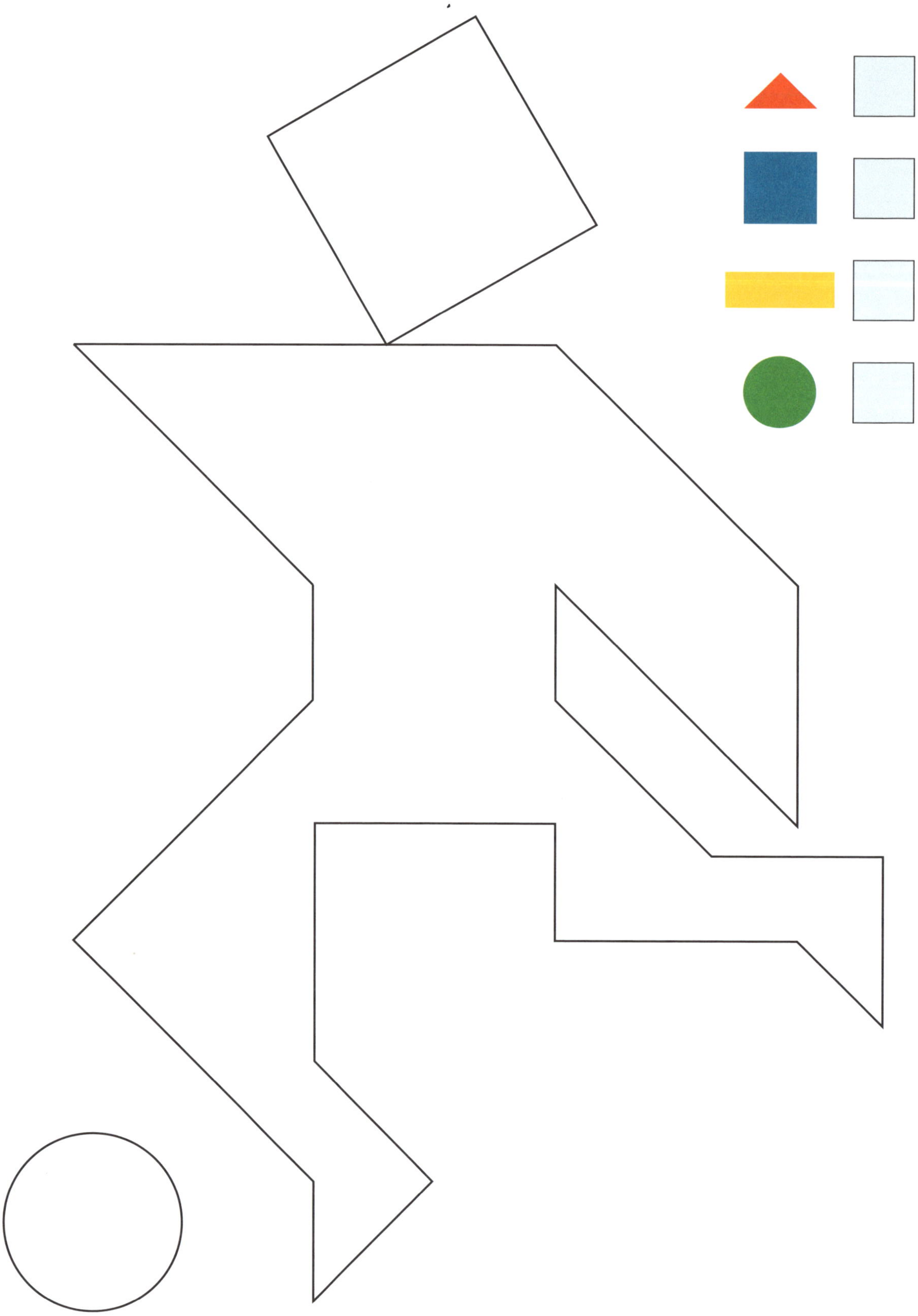

▸ AH 1A S. 76/77

Name: Datum:

Rechengeschichten

①

6 – ☐ = ☐

☐ – ☐ = ☐

☐ – ☐ = ☐

②

7 – 5 = ☐

▸ AH 1A S. 80/81

Name: Datum:

Rechengeschichten

1

$8 - 4 = \square$

2

$\square - \square = 3$

$\square - \square = 4$

▸AH 1A S.80/81

Name: Datum:

Minusaufgaben am Zwanzigerfeld

1

☐ – ☐ = ☐

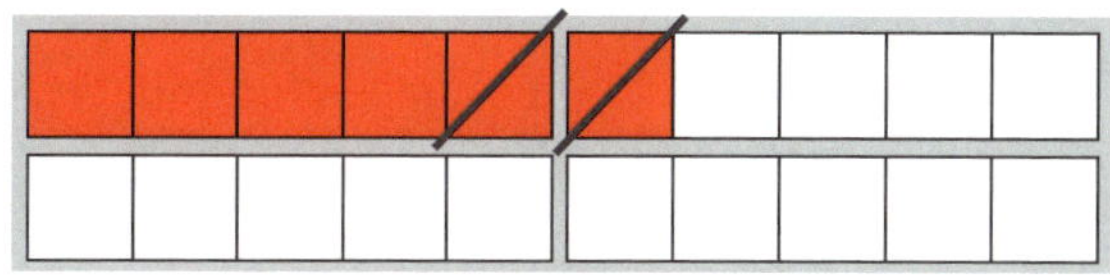

☐ – ☐ = ☐

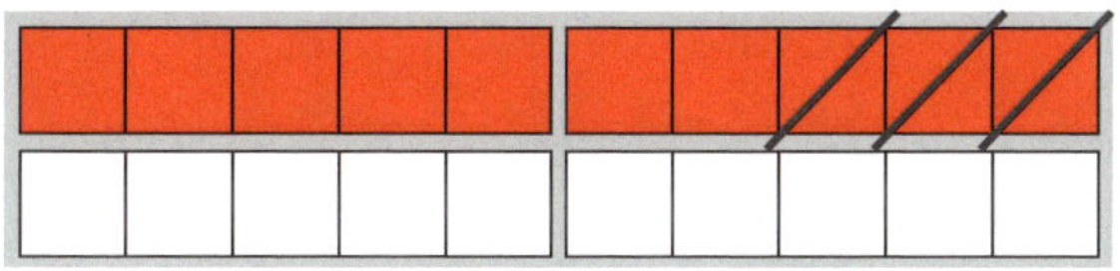

☐ – ☐ = ☐

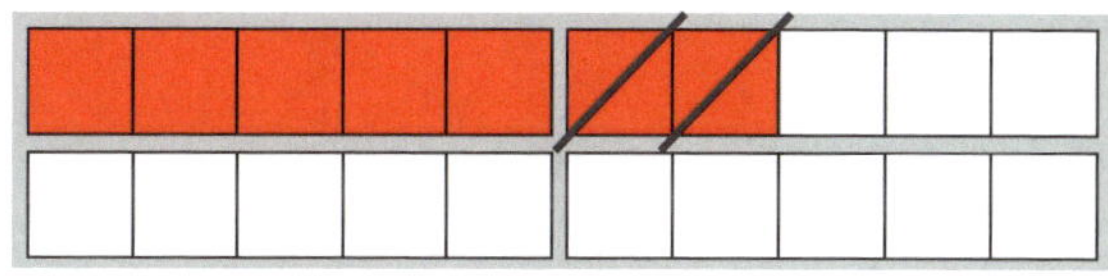

☐ – ☐ = ☐

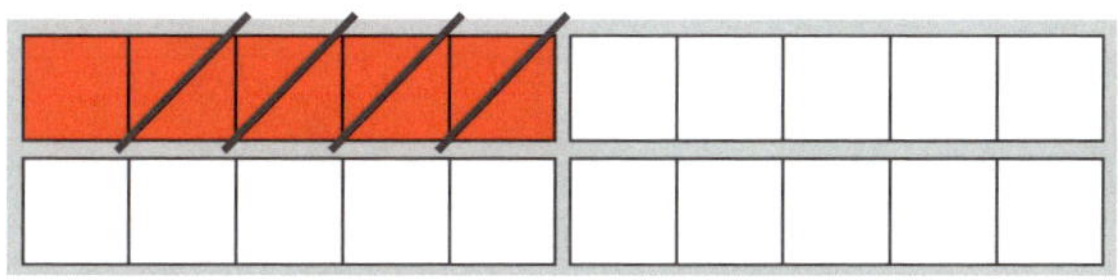

☐ – ☐ = ☐

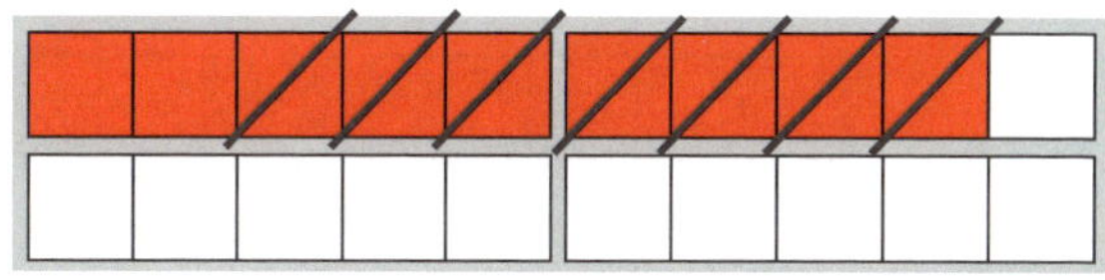

☐ – ☐ = ☐

2

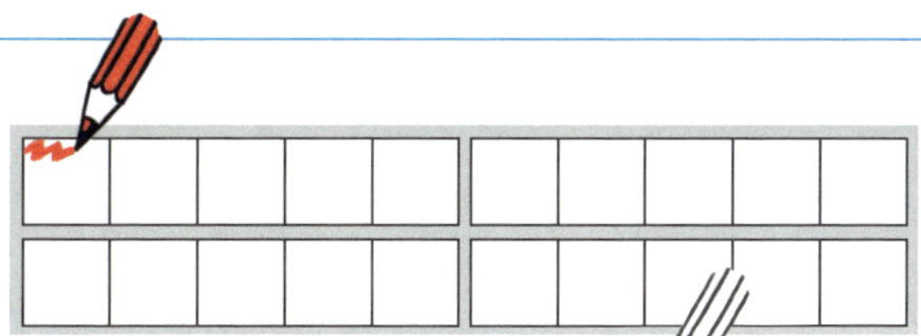

7 – 4 = ☐

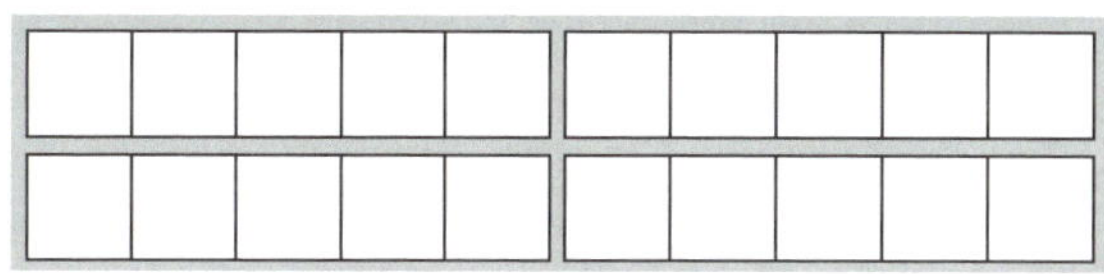

6 – 5 = ☐

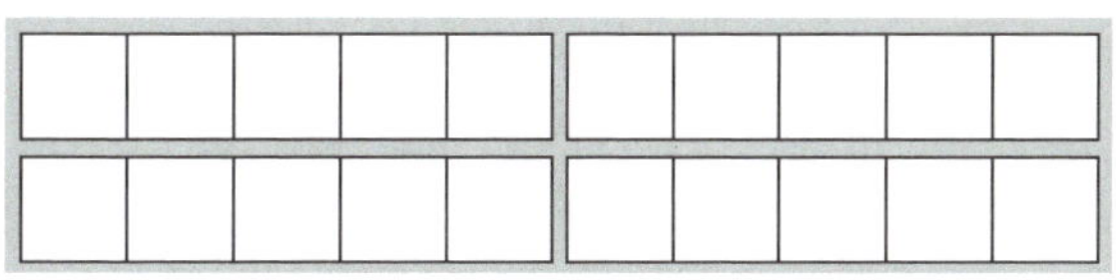

10 – 6 = ☐

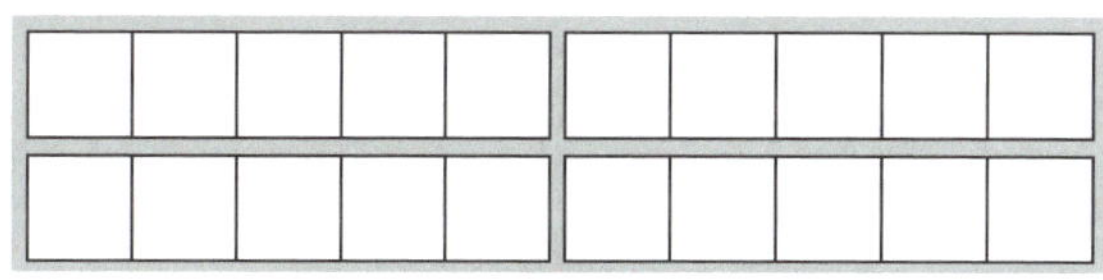

9 – 3 = ☐

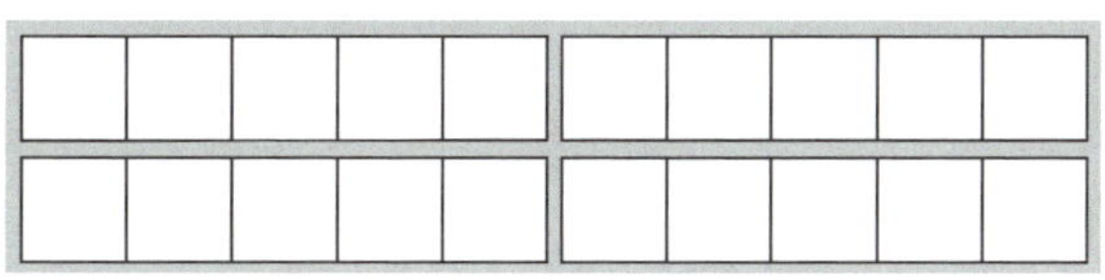

4 – 1 = ☐

8 – 2 = ☐

▸ AH 1A S. 82–84

Name: Datum:

Minusaufgaben am Zwanzigerfeld

1

□ – □ = □ □ – □ = □

□ – □ = □ □ – □ = □

2

8 – 2 – 3 = □ 8 – 4 – 1 = □

8 – 5 – 0 = □ 8 – 3 – 2 = □

3

10 – ______ = 3 10 – ______ = 3

10 – ______ = 3 10 – ______ = 3

▸ AH 1A S. 82–84

Name: Datum:

Entdeckerpäckchen

1

9 − 2 = ☐
9 − 3 = ☐
9 − 4 = ☐
9 − 5 = ☐

10 − 7 = ☐
10 − 6 = ☐
10 − 5 = ☐
10 − 4 = ☐

8 − 3 = ☐
7 − 3 = ☐
6 − 3 = ☐
5 − 3 = ☐

4 − 4 = ☐
5 − 4 = ☐
6 − 4 = ☐
7 − 4 = ☐

6 − 3 = ☐
6 − 2 = ☐
6 − 1 = ☐
6 − 0 = ☐

5 − 0 = ☐
5 − 1 = ☐
5 − 2 = ☐
5 − 3 = ☐

7 − 4 = ☐
6 − 3 = ☐
5 − 2 = ☐
4 − 1 = ☐

6 − 2 = ☐
7 − 3 = ☐
8 − 4 = ☐
9 − 5 = ☐

▸AH 1A S. 85/86

Name: Datum:

Entdeckerpäckchen

1

8 – 4 = □
8 – 5 = □
8 – □ = □
8 – □ = □

3 – 2 = □
4 – 2 = □
□ – 2 = □
□ – 2 = □

7 – 4 = □
6 – 4 = □
□ – □ = □
□ – □ = □

9 – 8 = □
9 – 7 = □
□ – □ = □
□ – □ = □

2

□ = 4 – 3
□ = 6 – 3
□ = □ – □
□ = □ – □

□ = 9 – 2
□ = 9 – 4
□ = □ – □
□ = □ – □

3

□ – □ = 3
□ – □ = 3
□ – □ = 3
□ – □ = 3

□ – □ = 3
□ – □ = 3
□ – □ = 3
□ – □ = 3

▸ AH 1A S. 85/86

Name: Datum:

Umkehraufgaben

1

5 + 3 → □ – 3 → 5

2 + 4 → □ – □ → 2

6 + □ → 9 – □ → 6

10 – 6 → □ + 6 → 10

9 – □ → □ + 8 → 9

7 – □ → 1 + □ → 7

2

6 + 3 = □
□ – 3 = □

4 + 5 = □
□ – 5 = □

8 – 2 = □
□ + 2 = □

7 – 4 = □
□ + 4 = □

5 + 2 = □
□ – □ = □

9 + 1 = □
□ – □ = □

10 – 4 = □
□ + □ = □

6 – 3 = □
□ + □ = □

▸AH 1A S. 87/88

Name: Datum:

Umkehraufgaben

1 / oder ✔?

5 + 5 = 10
10 − 5 = 5 ✔

6 − 5 = 1
1 + 4 = 5

9 − 3 = 6
6 − 3 = 3

7 + 2 = 9
9 − 2 = 7

5 + 1 = 6
6 − 5 = 1

8 − 4 = 4
4 + 4 = 8

10 − 2 = 8
8 − 2 = 6

1 + 2 = 3
3 − 1 = 2

2

3 + 2 + 4 = 9
9 − □ − □ = 3

7 − 2 − 1 = □
□ + □ + □ = 7

10 − 6 − □ = 2
□ + □ + □ = 10

5 + 1 + 3 = □
□ − □ − □ = 5

► AH 1A S. 87/88

Name: Datum:

Aufgabenfamilien

1

4 / 7 / 3	3 / 5 / 8	10 / 1 / 9
4 + 3 = □	5 + 3 = □	□ + 1 = □
3 + 4 = □	3 + 5 = □	1 + □ = □
7 − 3 = □	8 − 3 = □	10 − □ = □
7 − 4 = □	8 − 5 = □	10 − □ = □

4 / 5 / 1	4 / 5 / 9	5 / 2 / 4
□ + 1 = □	□ + □ = □	□ + □ = □
1 + □ = □	□ + □ = □	□ + □ = □
5 − □ = □	□ − □ = □	□ − □ = □
5 − □ = □	□ − □ = □	□ − □ = □

2

5 / 7 / 2	3 / 4 / 7	9 / 3 / 6
□ + □ = □	□ + □ = □	□ + □ = □
□ + □ = □	□ + □ = □	□ + □ = □
□ − □ = □	□ − □ = □	□ − □ = □
□ − □ = □	□ − □ = □	□ − □ = □

► AH 1A S. 89

Name: Datum:

Aufgabenfamilien

1

2 + 3 = ☐
☐ ◯ ☐ = ☐
☐ ◯ ☐ = ☐
☐ ◯ ☐ = ☐

☐ ◯ ☐ = ☐
☐ ◯ ☐ = ☐
☐ ◯ ☐ = ☐
☐ ◯ ☐ = ☐

☐ ◯ ☐ = ☐
☐ ◯ ☐ = ☐
☐ ◯ ☐ = ☐
☐ ◯ ☐ = ☐

☐ ◯ ☐ = ☐
☐ ◯ ☐ = ☐
☐ ◯ ☐ = ☐
☐ ◯ ☐ = ☐

2 Was hast du oben entdeckt?

▸AH 1A S.89

Name: Datum:

Plus- und Minusaufgaben üben

1

8 + 1 = ☐	6 – 4 = ☐	2 + 4 = ☐
6 + 2 = ☐	8 – 7 = ☐	3 + 6 = ☐
3 + 3 = ☐	3 – 0 = ☐	1 + 9 = ☐
4 + 0 = ☐	10 – 5 = ☐	5 + 4 = ☐
2 + 5 = ☐	4 – 2 = ☐	3 + 4 = ☐

2

6 – 3 = ☐	8 + 0 = ☐	7 – 5 = ☐
5 + 5 = ☐	10 – 7 = ☐	6 + 4 = ☐
4 – 3 = ☐	5 + 2 = ☐	9 – 8 = ☐
3 + 6 = ☐	6 – 1 = ☐	1 + 5 = ☐
2 – 1 = ☐	4 + 2 = ☐	8 – 6 = ☐

3

4 + 0 = ☐	9 – 7 = ☐	9 – 3 = ☐
4 + 1 = ☐	9 – 6 = ☐	8 – 3 = ☐
4 + 2 = ☐	9 – 5 = ☐	7 – 3 = ☐
4 + 3 = ☐	9 – 4 = ☐	6 – 3 = ☐
4 + 4 = ☐	9 – 3 = ☐	5 – 3 = ☐
4 + 5 = ☐	9 – 2 = ☐	4 – 3 = ☐
4 + 6 = ☐	9 – 1 = ☐	3 – 3 = ☐

▸ AH 1A S. 90/91

Name: Datum:

Plus- und Minusaufgaben üben

1 + oder − ?

4 ◯ 2 = 6	10 ◯ 3 = 7	1 ◯ 4 = 5
6 ◯ 2 = 4	3 ◯ 7 = 10	4 ◯ 1 = 5
6 ◯ 4 = 2	10 ◯ 3 = 10	5 ◯ 1 = 4
2 ◯ 4 = 6	7 ◯ 7 = 3	5 ◯ 4 = 1
8 ◯ 1 = 7	3 ◯ 6 = 9	4 ◯ 3 = 7
7 ◯ 1 = 8	9 ◯ 3 = 6	3 ◯ 4 = 7
8 ◯ 7 = 1	9 ◯ 6 = 3	7 ◯ 4 = 3
1 ◯ 7 = 8	6 ◯ 3 = 9	7 ◯ 3 = 4

2 + oder − ?

6 ◯ □ = 6	3 ◯ □ = 8	7 ◯ □ = 2
7 ◯ □ = 4	2 ◯ □ = 9	8 ◯ □ = 9
5 ◯ □ = 2	3 ◯ □ = 1	9 ◯ □ = 4
8 ◯ □ = 1	4 ◯ □ = 8	5 ◯ □ = 7
□ ◯ 3 = 10	□ ◯ 3 = 5	□ ◯ □ = 5
□ ◯ 4 = 4	□ ◯ 1 = 2	□ ◯ □ = 5
□ ◯ 2 = 5	□ ◯ 9 = 10	□ ◯ □ = 5
□ ◯ 2 = 5	□ ◯ 2 = 7	□ ◯ □ = 5

▸ AH 1A S. 90/91

Name: Datum:

Rechnen mit Geld

1

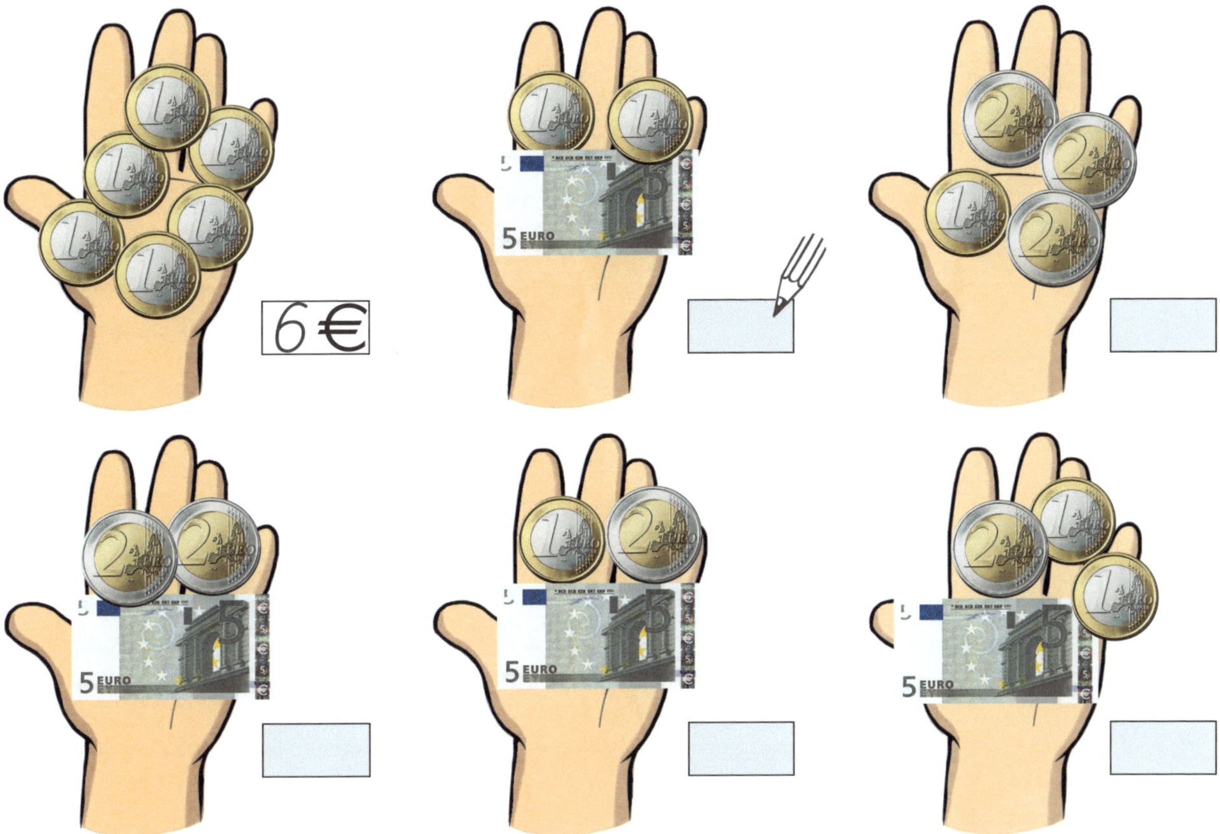

2

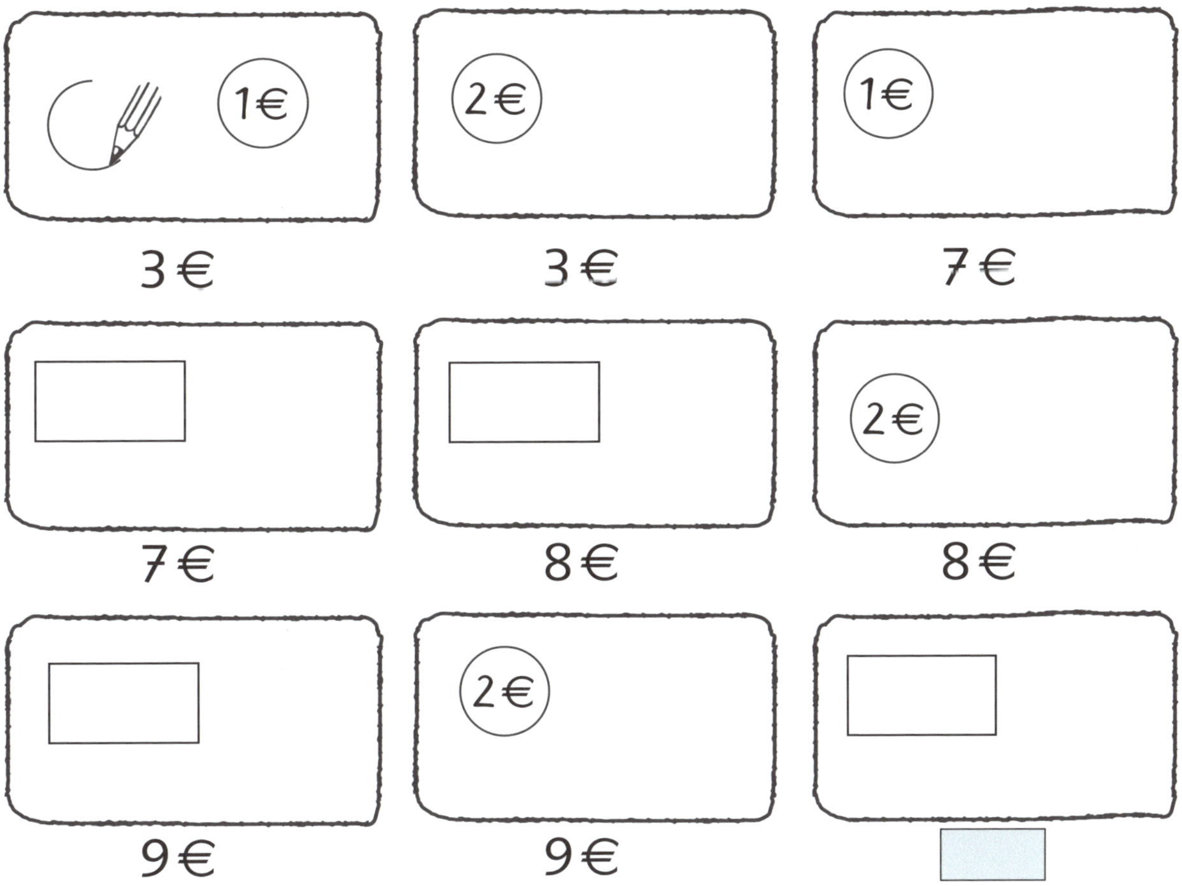

▸AH 1A S. 94/95

Name: Datum:

Rechnen mit Geld

1

4 € | 4 €

5 € | 5 € | 8 €

8 € | 8 € | 9 €

9 € | 9 € | 10 €

10 € | 10 € | 10 €

▸AH 1A S. 94/95

Name: Datum:

Einkaufen

①

	2€	
	☐	

②

	3€ + 1€ = ☐	
	☐ + ☐ = ☐	
	☐ + ☐ = ☐	

▸AH 1A S. 96/97

Name: Datum:

Einkaufen

(1)

	1 € + ☐ + ☐ = ☐	
	☐ + ☐ + ☐ = ☐	
	☐ + ☐ + ☐ = ☐	

(2)

	3 € + 3 € + 1 € = ☐	
	2 € + 1 € + 3 € = ☐	

▸ AH 1A S. 96/97

Name: Datum:

Rückgeld berechnen

①

2 €

3 €

8 €

3 €

1 €

4 €

5 €

9 €

	3 €		10 € – 3 € = 7 €
	☐ 		10 € – ☐ € = ☐ €
	☐		10 € – ☐ € = ☐ €
	☐		10 € – ☐ € = ☐ €
	☐		10 € – ☐ € = ☐ €
	☐		10 € – ☐ € = ☐ €

▸AH 1A S. 98

Name: Datum:

Rückgeld berechnen

①

	9 €		
	5 €		
	3 €		

②

	1 € + 4 € = ☐		
	3 € + 2 € = ☐		
	☐ + ☐ = ☐		

▸ AH 1A S. 98

Name: Datum:

Viele Möglichkeiten

①

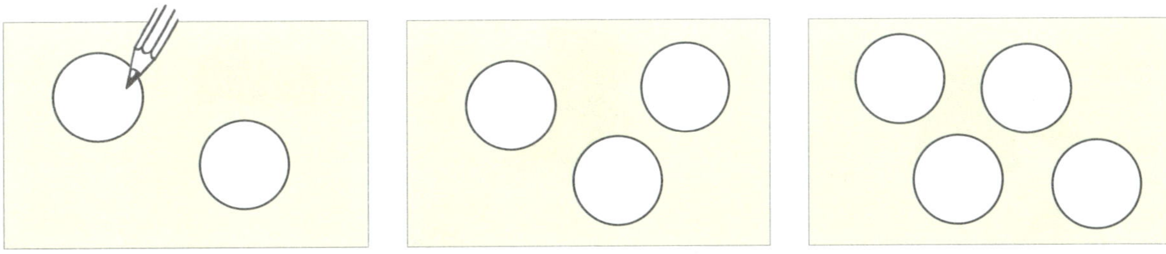

4 € 4 € 4 €

②

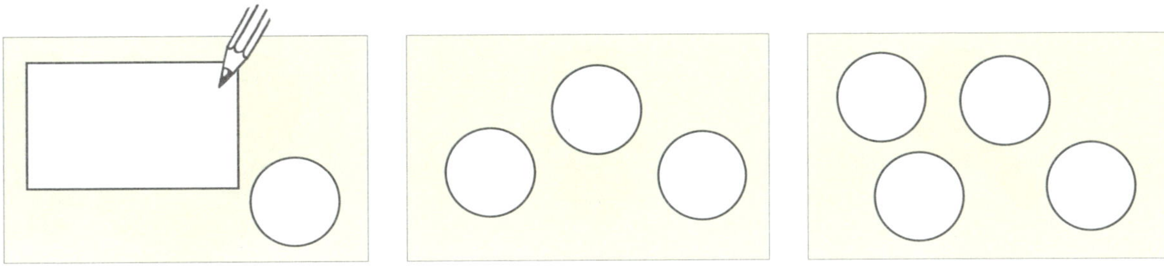

6 € 6 € 6 €

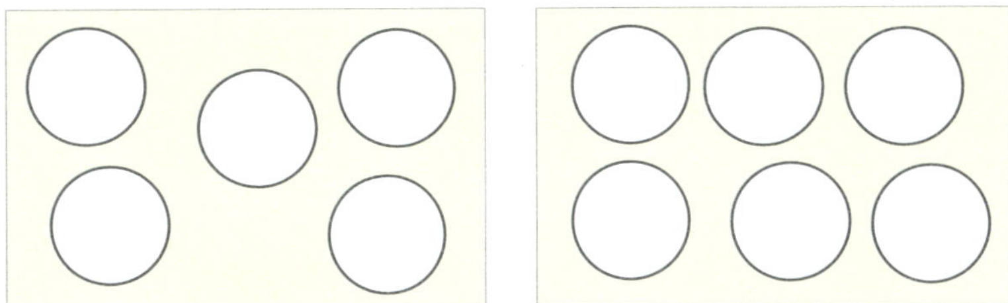

6 € 6 €

③

7 € 7 € 7 €

7 € 7 € 7 €

▸AH 1A S. 99

Name: Datum:

Viele Möglichkeiten

1

	2€ + 3€ + 5€ = 10€		0€
	☐ + ☐ + ☐ = 10€		0€
	☐ + ☐ + ☐ = 10€		0€
	☐ + ☐ = 10€		0€
			0€
			0€

▸AH 1A S. 99

Name: Datum:

Falten

①

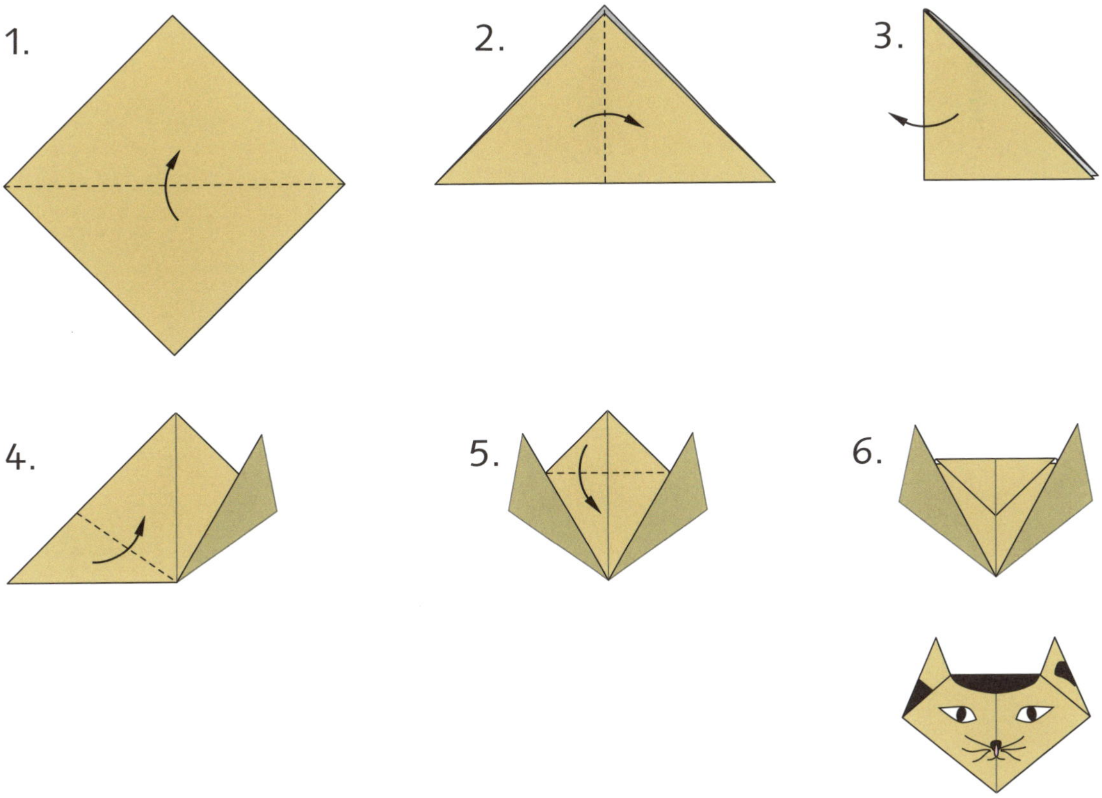

②

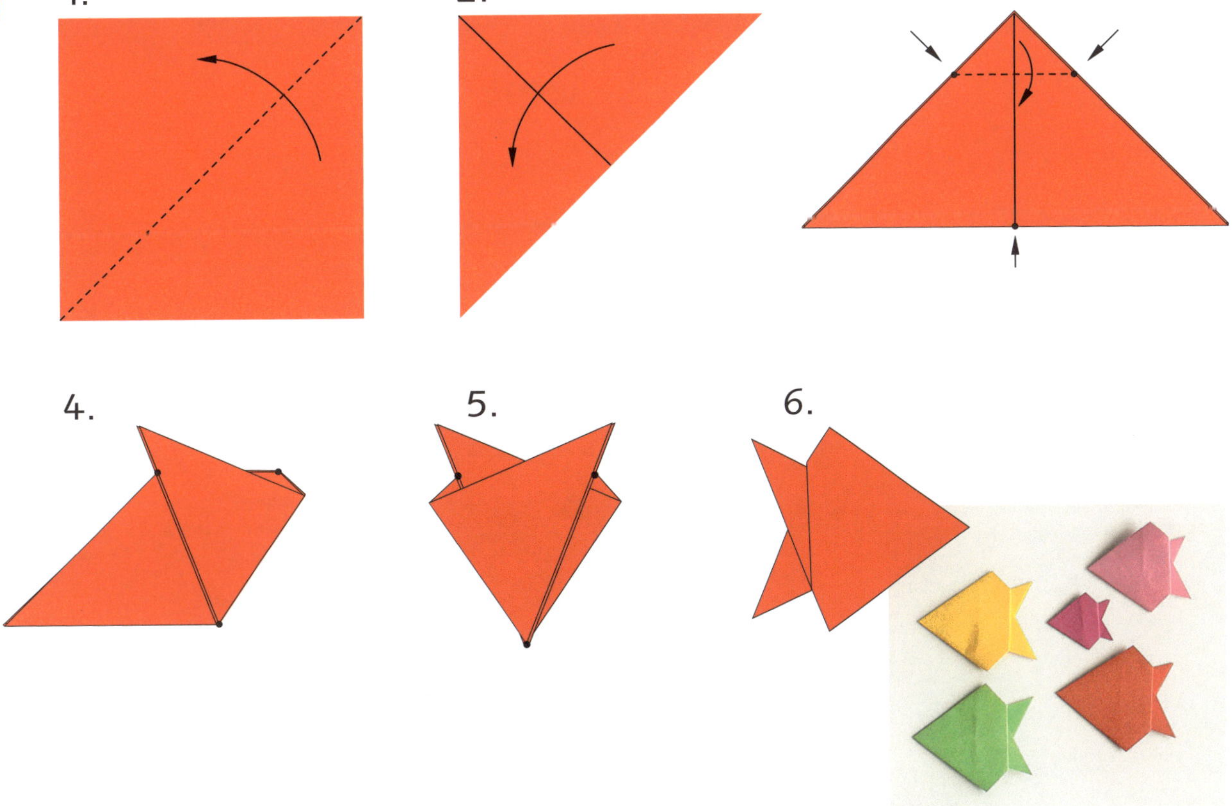

▸AH 1A S. 102/103

Name: Datum:

Falten

① 1.

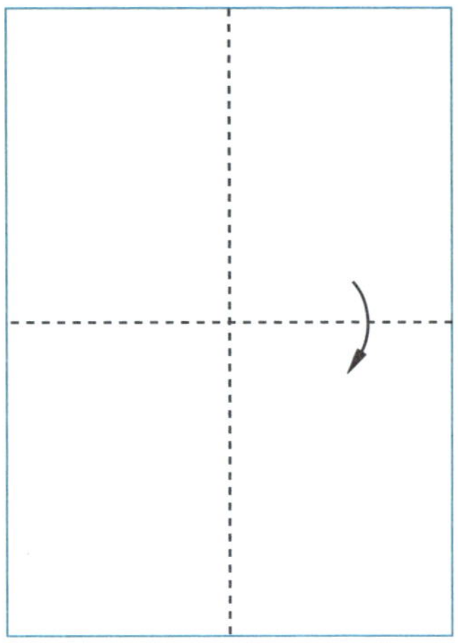

2.

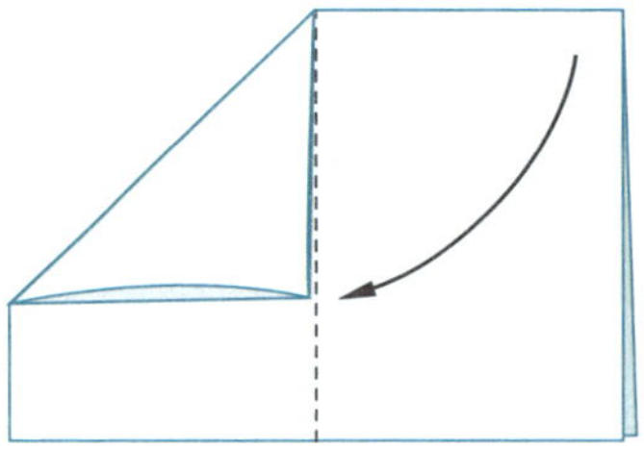

3.

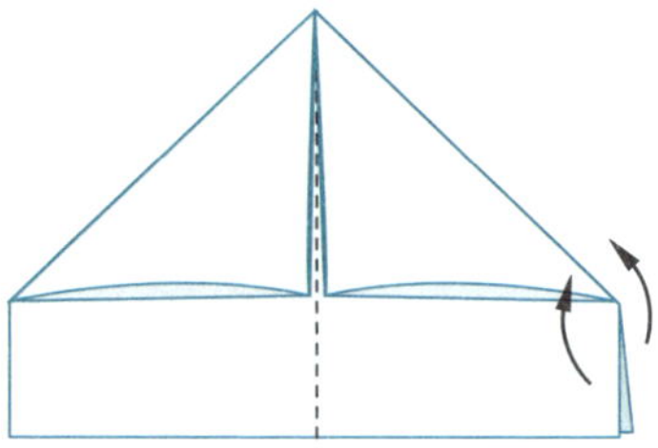

4.

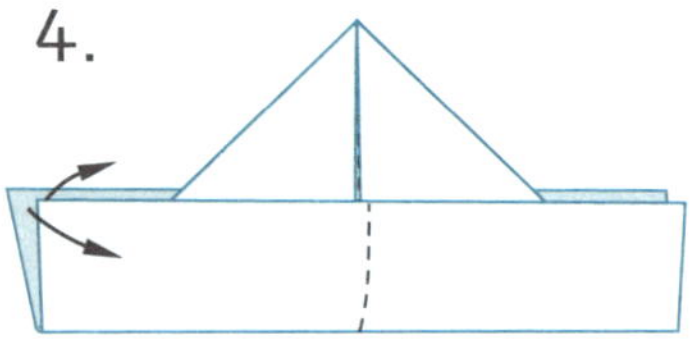

5.

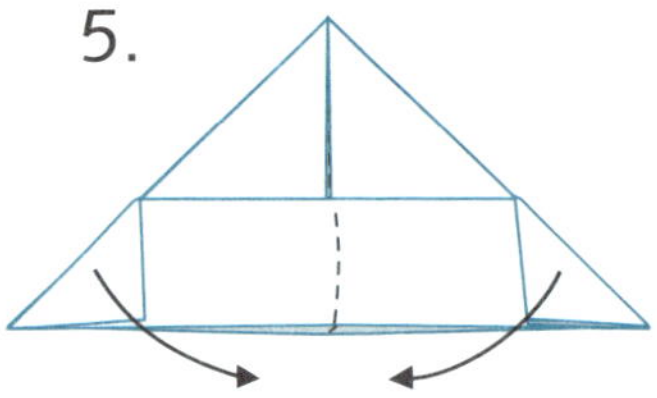

6.

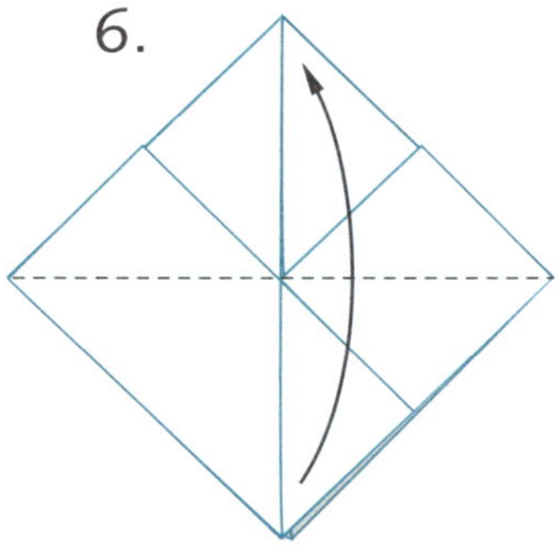

7.

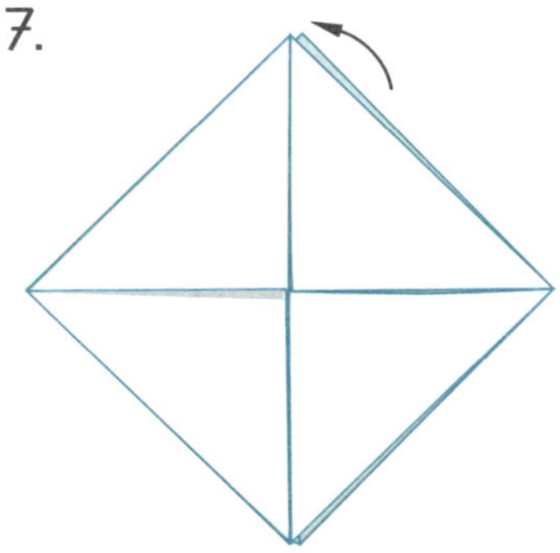

8.

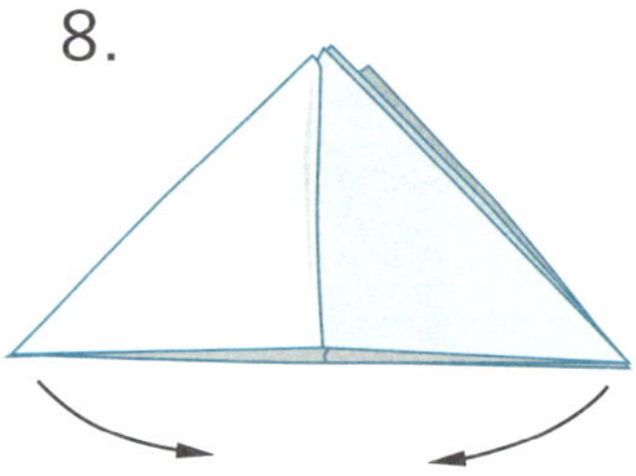

9.

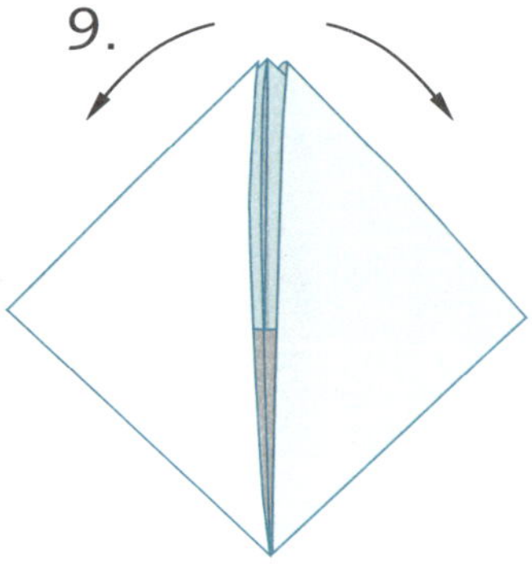

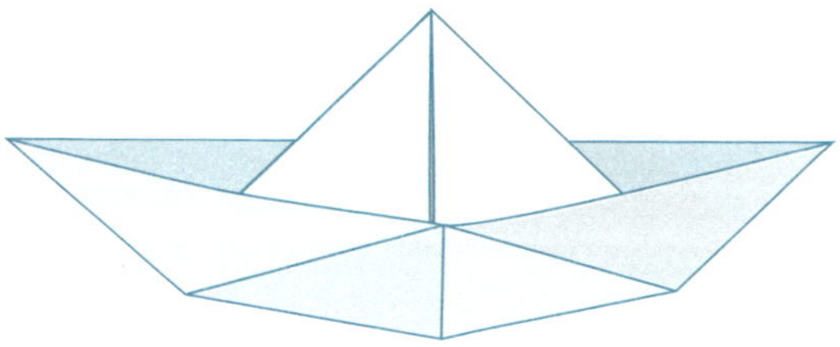

▸AH 1A S. 102/103

Name: Datum:

Symmetrie in Klappbildern

1

▸ AH 1A S. 104/105

Name: Datum:

Symmetrie in Klappbildern

1

▸AH 1A S. 104/105

Name: Datum:

Symmetrie in Faltschnitten

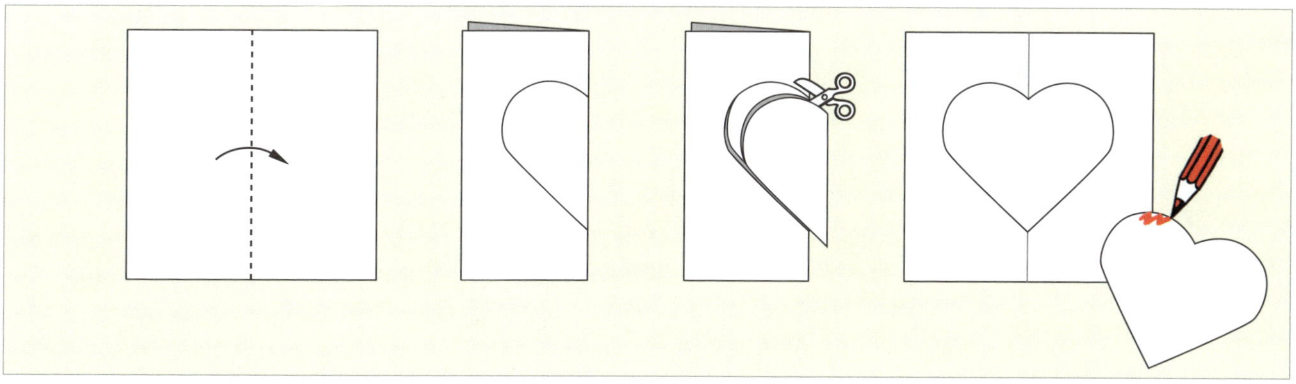

①

②

► AH 1A S. 106/107

Name: Datum:

Symmetrie in Faltschnitten

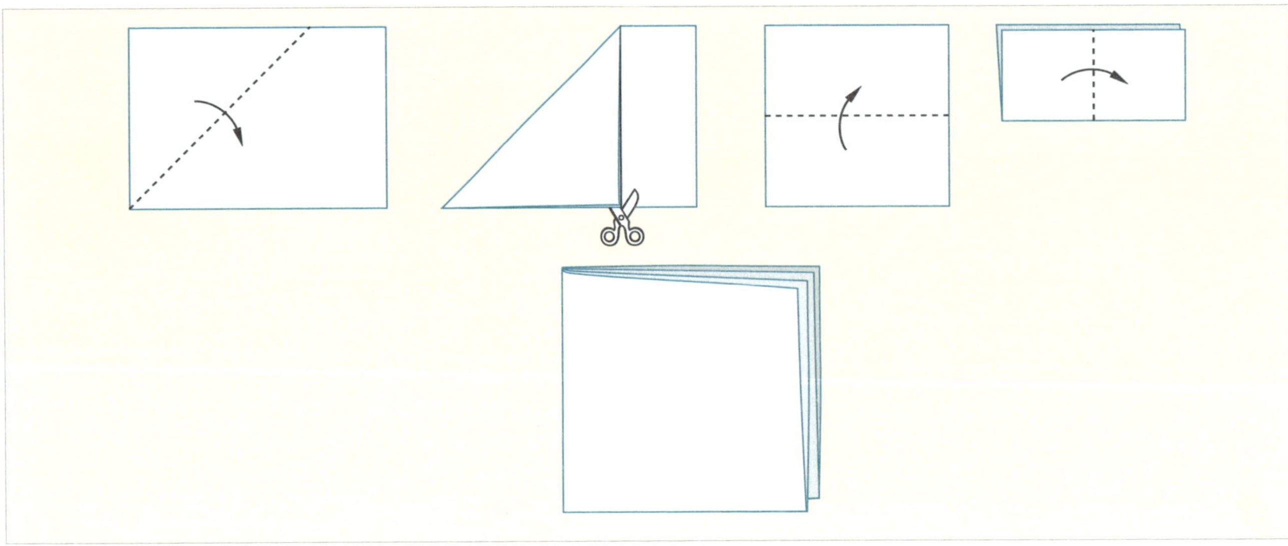

1

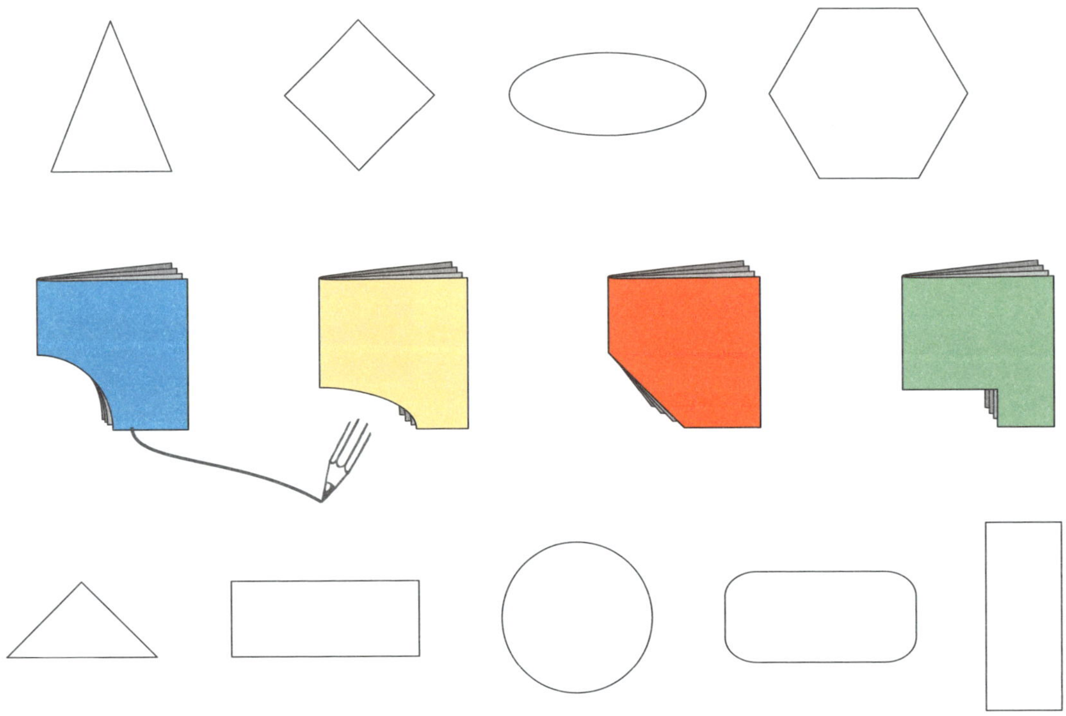

2

▸AH 1A S. 106/107

Name: Datum:

Die Zahlen bis 20

①

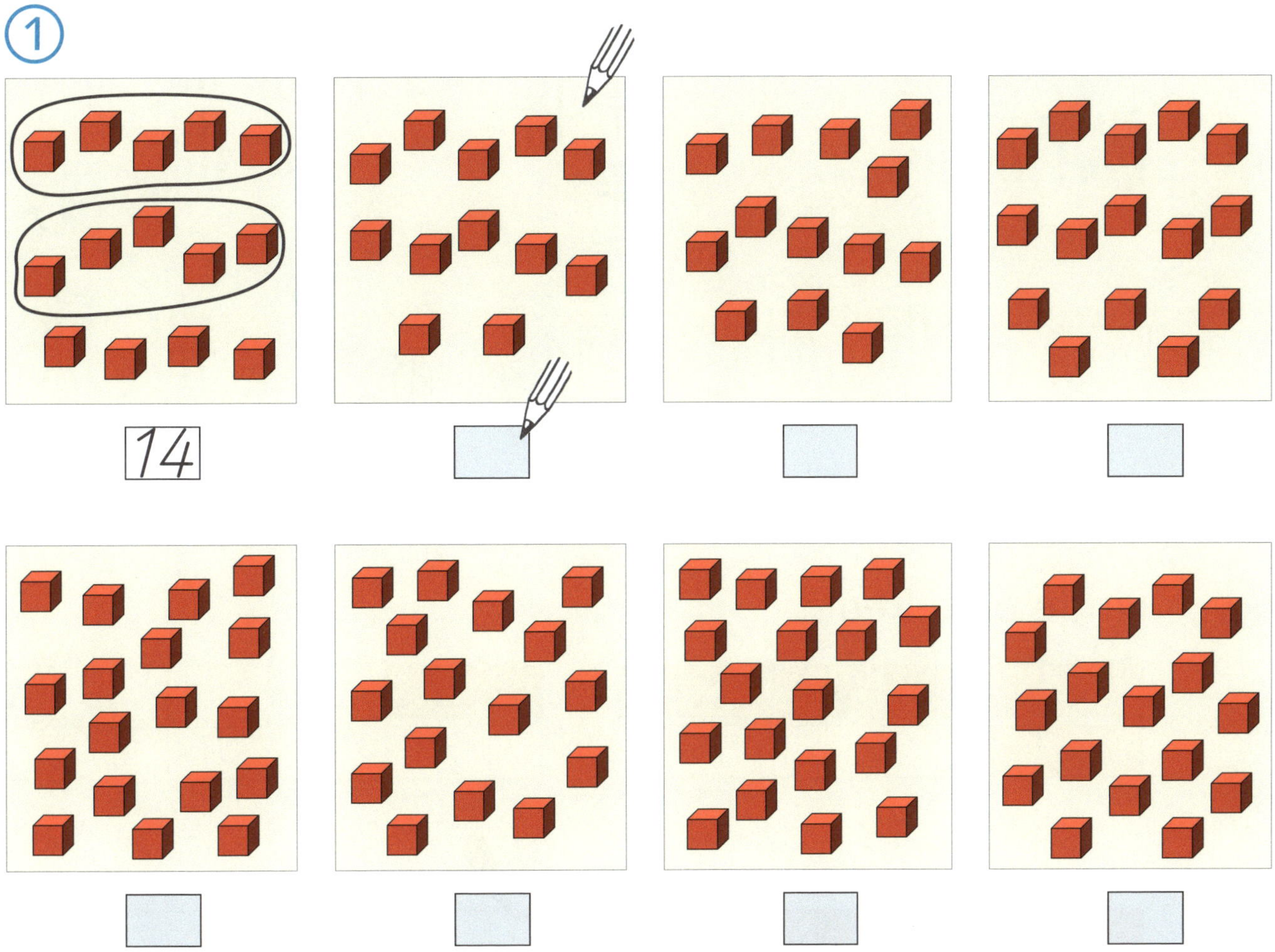

②

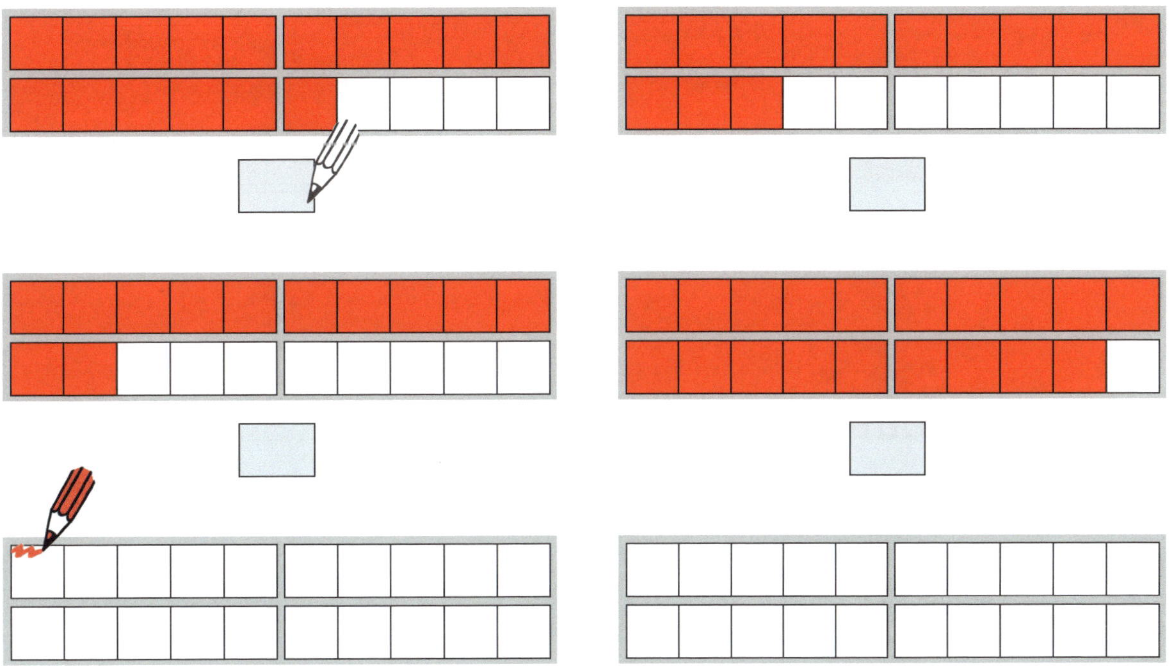

14 17

►AH 1B S. 6–9

Name: Datum:

Die Zahlen bis 20

1

20

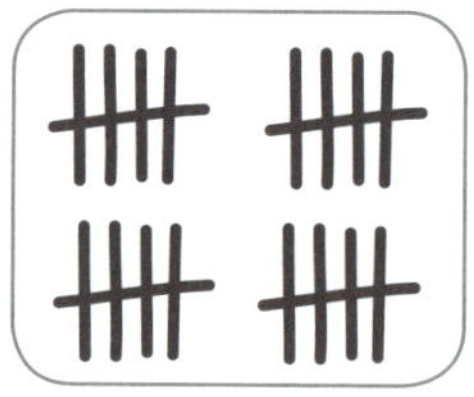

17

15

14

12

2 Finde eine Regel.

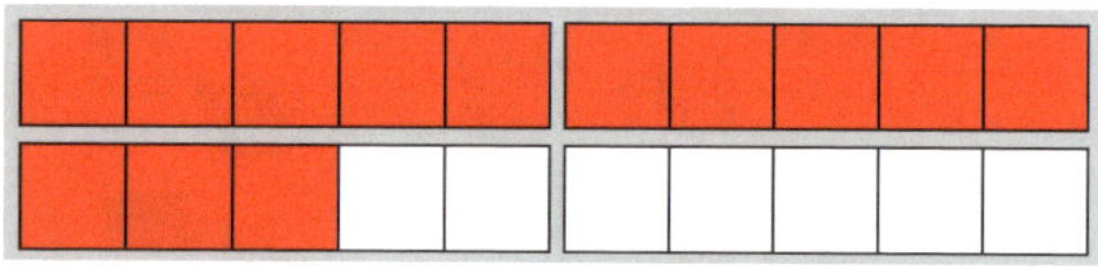

13

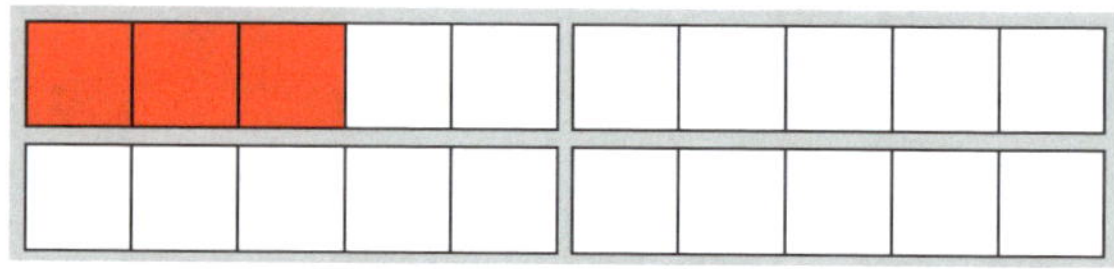

3

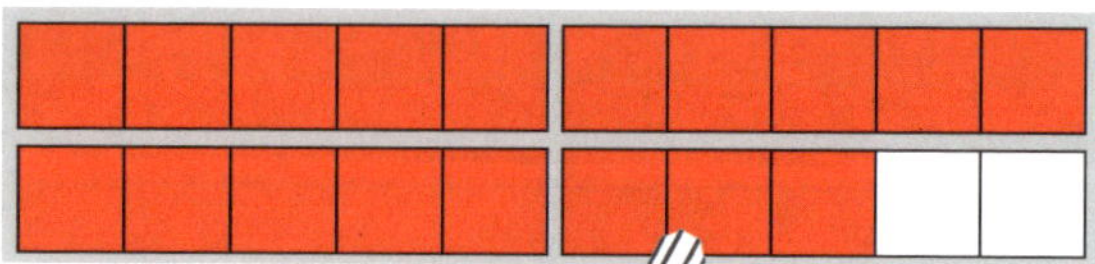

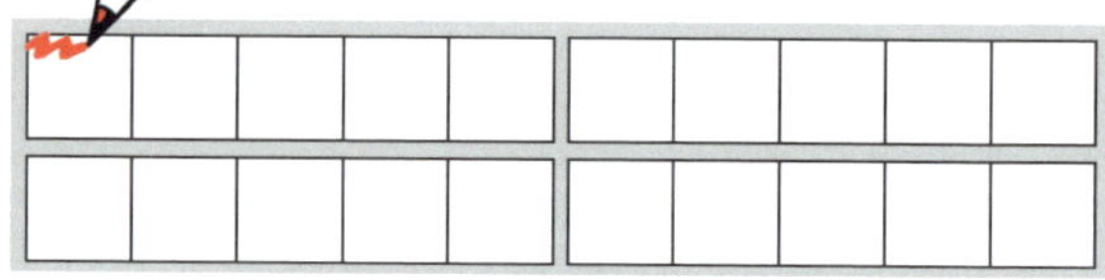

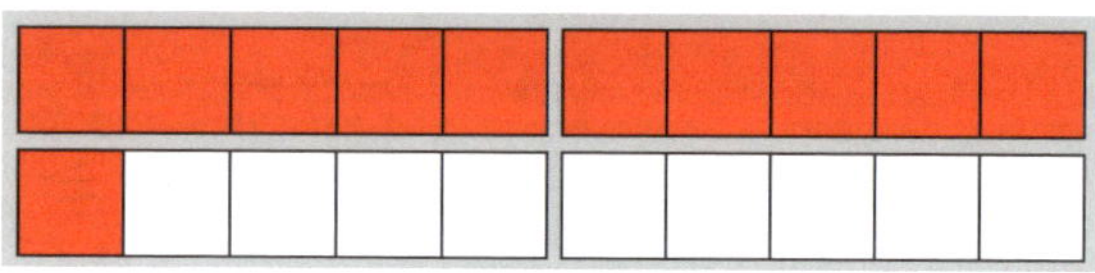

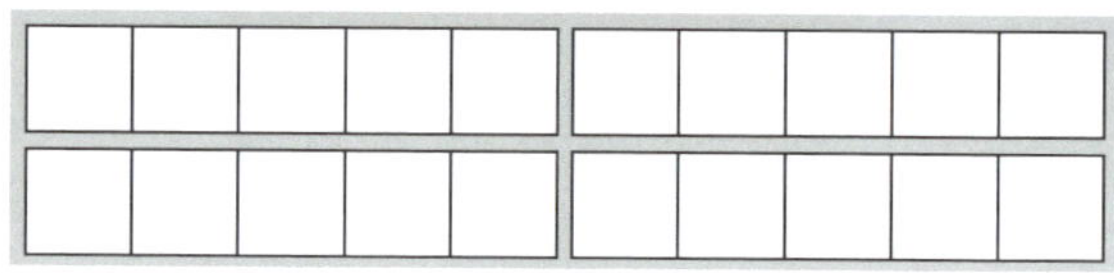

Wie lautet die Regel? ______________________

____

____

____

____

▸AH 1B S.6–9

Name: Datum:

Zahlen legen

①

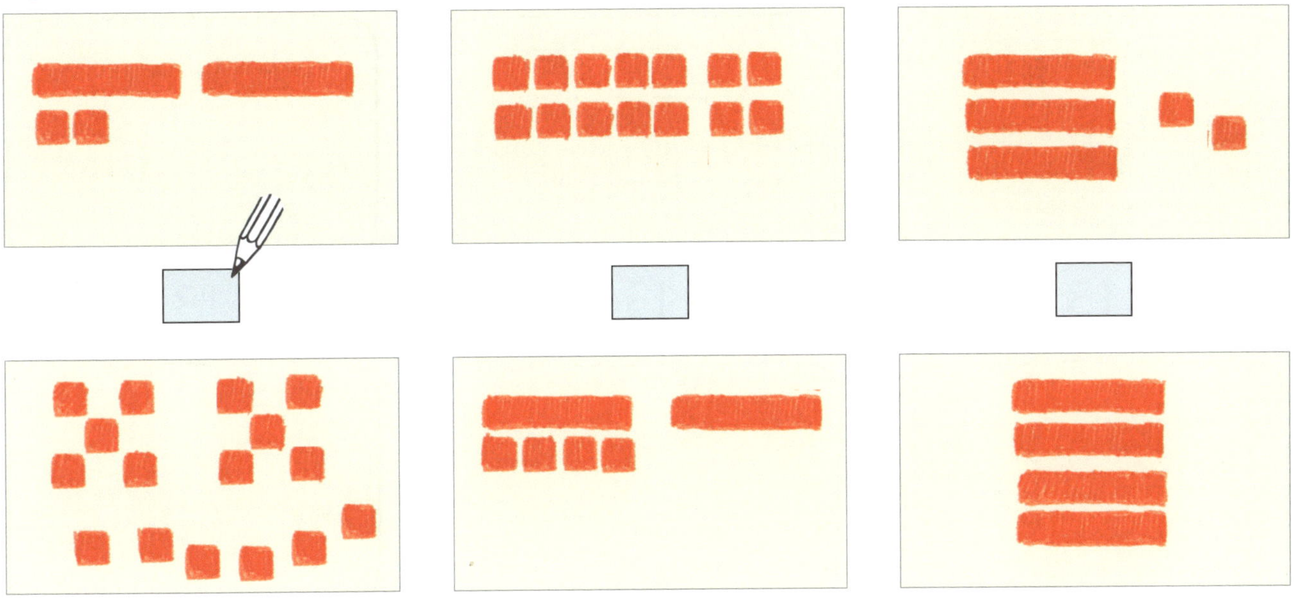

13 15 18

②

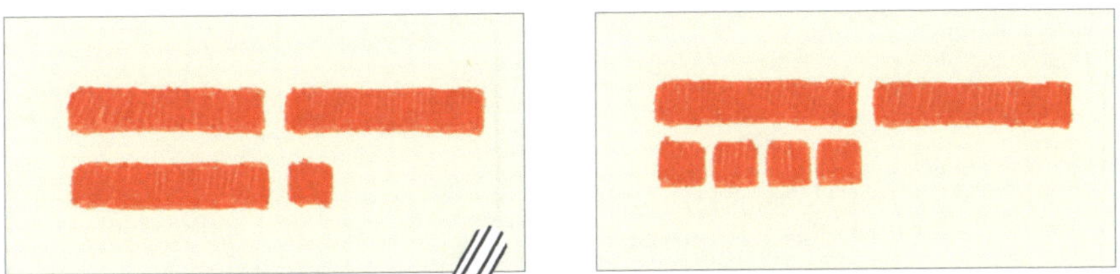

14 18 12 16

▸AH 1B S. 10/11

Name: Datum:

Zahlen legen

1

13 13 13

15 15 15

19 19 19

2

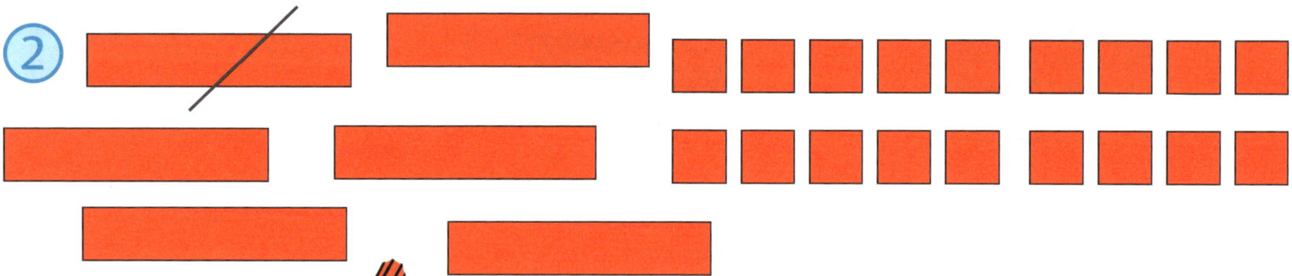

14 18 16

► AH 1B S. 10/11

Name: Datum:

Plusaufgaben mit 10

1

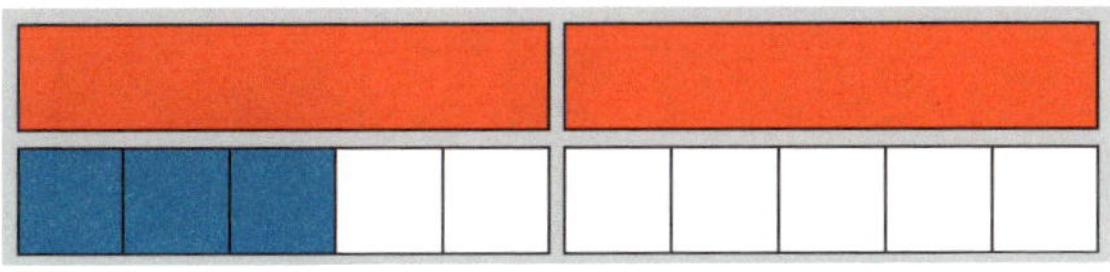

10 + 3 = ☐

☐ + ☐ = ☐

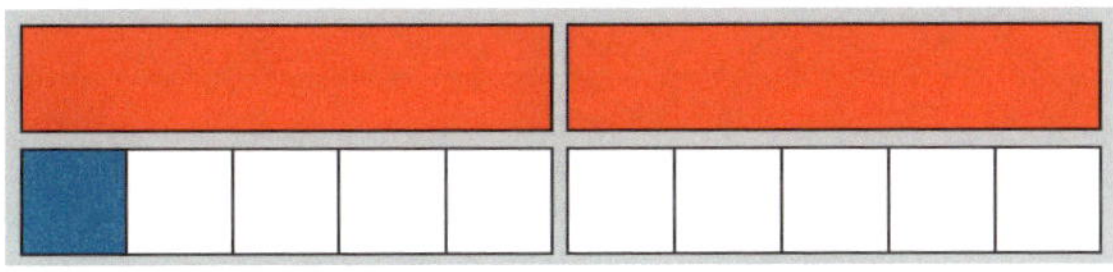

☐ + ☐ = ☐

☐ + ☐ = ☐

2

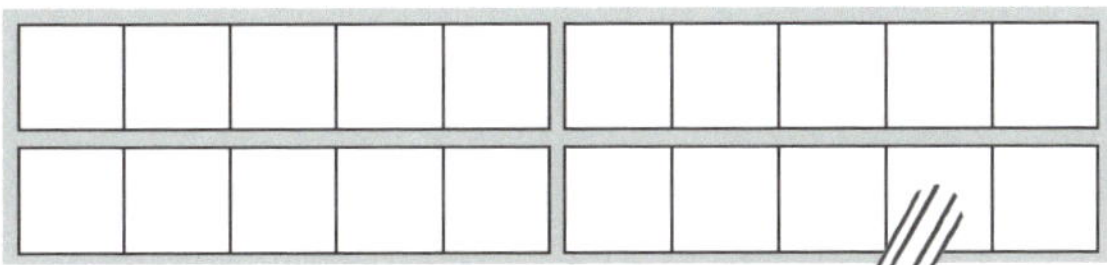

10 + 5 = ☐

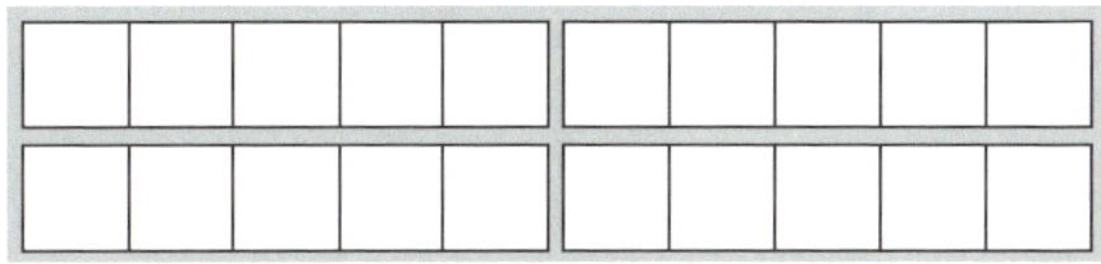

10 + 10 = ☐

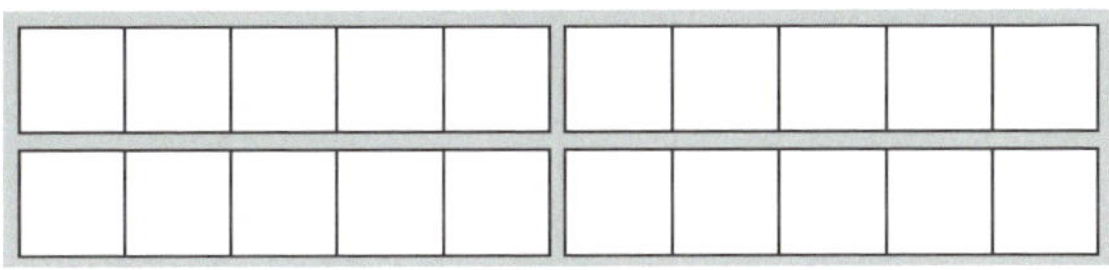

10 + 0 = ☐

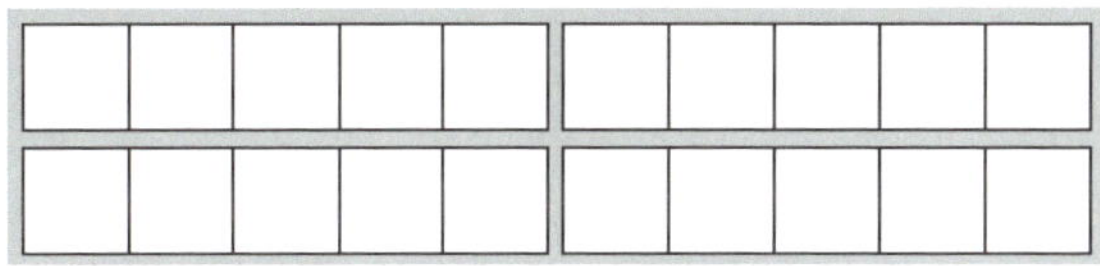

10 + 2 = ☐

3

10 + 4 = ☐	10 + 1 = ☐	10 + ☐ = 13
10 + 9 = ☐	10 + 2 = ☐	10 + ☐ = 18
2 + 10 = ☐	10 + ☐ = ☐	10 + ☐ = 15
6 + 10 = ☐	10 + ☐ = ☐	☐ + 10 = 11
3 + 10 = ☐	10 + ☐ = ☐	☐ + 10 = 17

► AH 1B S. 12/13

Name: Datum:

Plusaufgaben mit 10

1

1				5					10
11				15					20

1		
11		

	4	

	16	

		20

	17	

	13	

		15

		14

	5

	18

	17	

		17

2 Finde alle Möglichkeiten im Zwanzigerfeld.

1		

▸AH 1B S. 12/13

Name: Datum:

Zahlenreihe

①

②

③

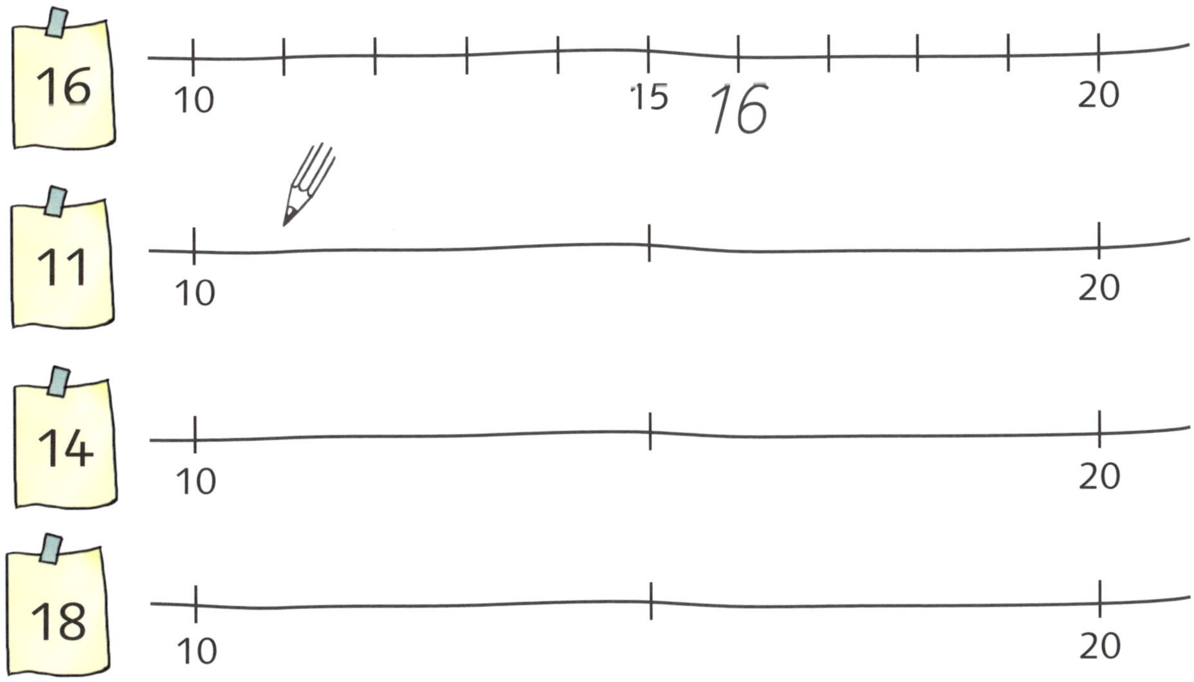

► AH 1B S. 14

Name: Datum:

Zahlenreihe

1

2

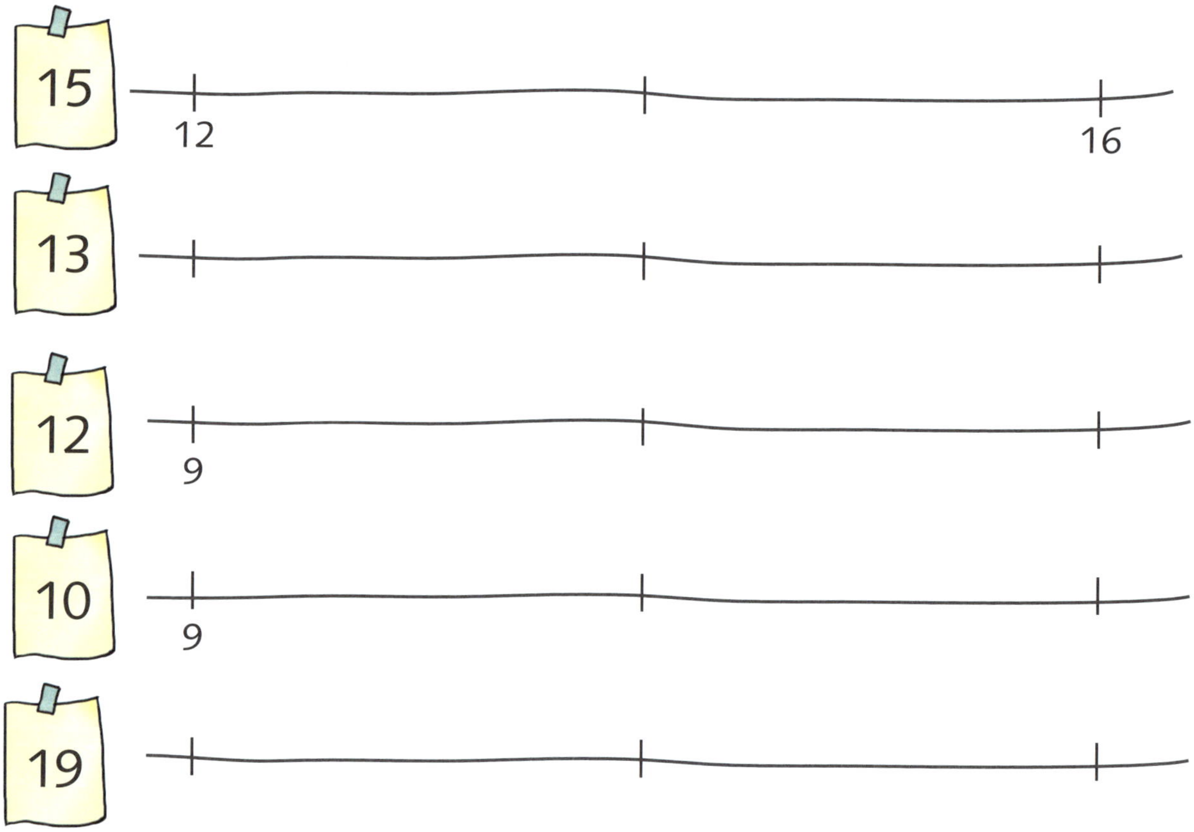

▸AH 1B S. 14

Name: Datum:

Vorgänger und Nachfolger

①

②

► AH 1B S. 16

Name: Datum:

Vorgänger und Nachfolger

1

		12	14					11
9					15			14
		18	16			10		
		12			16	7		
12			11					16
13					19			8
13			10					14
9					18	14		
		17	11			17		
		13	4					20
18					5			7
		9	8			3		

▸AH 1B S.16

Name: Datum:

Zahlen vergleichen

①

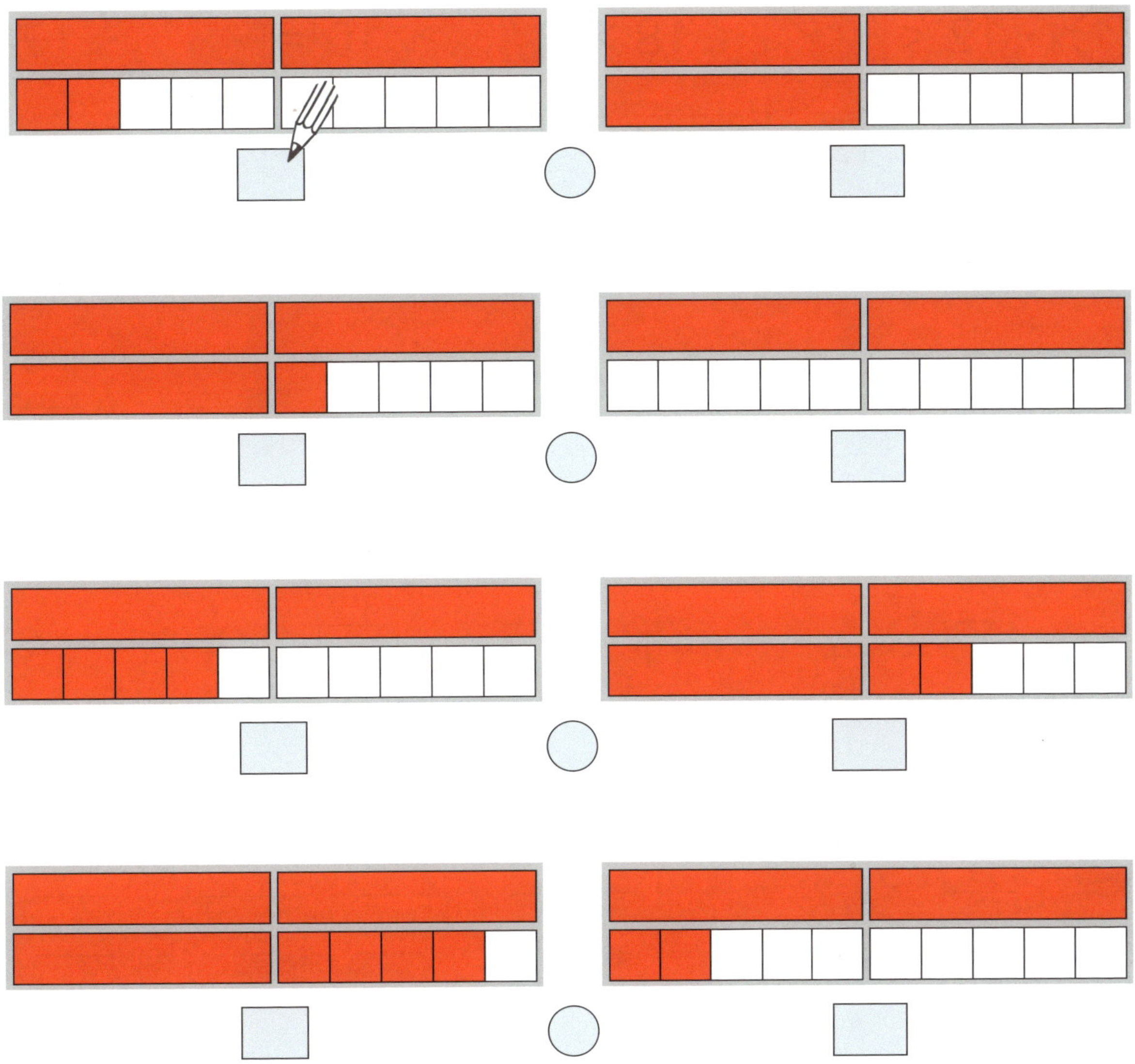

②

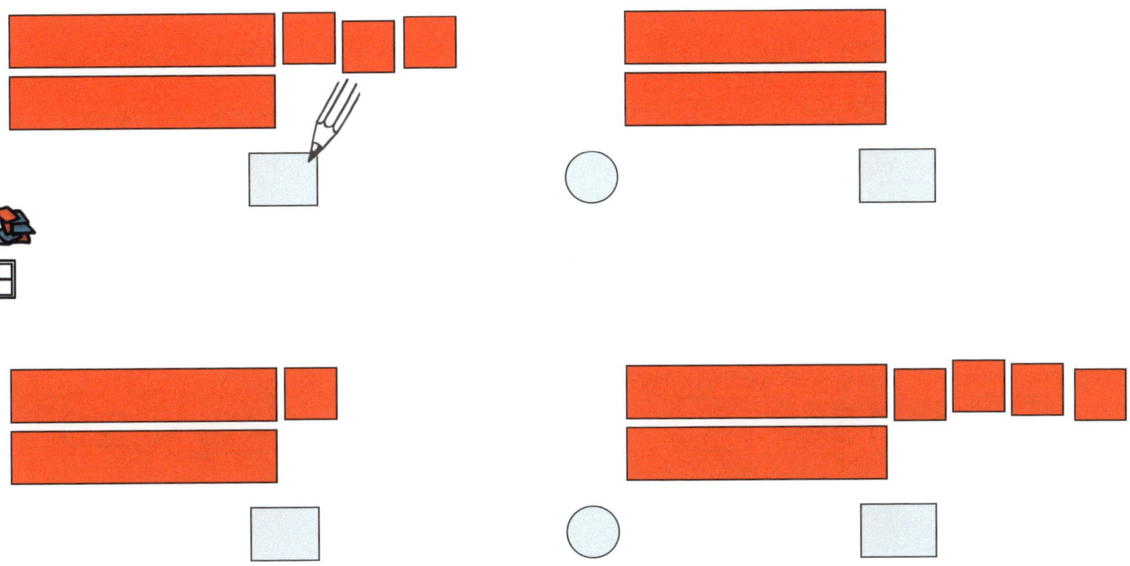

▸ AH 1B S. 18

Name: Datum:

Zahlen vergleichen

1

12 < □	18 > □	10 = □	7 > □
□ > 19	16 = □	12 > □	4 > □
17 > □	20 > □	□ > 18	□ = 15
19 < □	13 < □	17 = □	□ < 16
□ > 12	□ < 15	□ < 14	19 > □
□ = 14	11 > □	□ > 18	13 > □

2

□ ○ □	□ ○ □	□ ○ □	□ ○ □
□ ○ □	□ ○ □	□ ○ □	□ ○ □
□ ○ □	□ ○ □	□ ○ □	□ ○ □

3

□ > □ > 13	18 > □ > □
11 > □ > □	□ > 16 > □
□ > 15 > □	□ < □ < 20
□ < □ < 12	□ < 9 < □

▸ AH 1B S. 18

Name: Datum:

Zahlenmuster

①

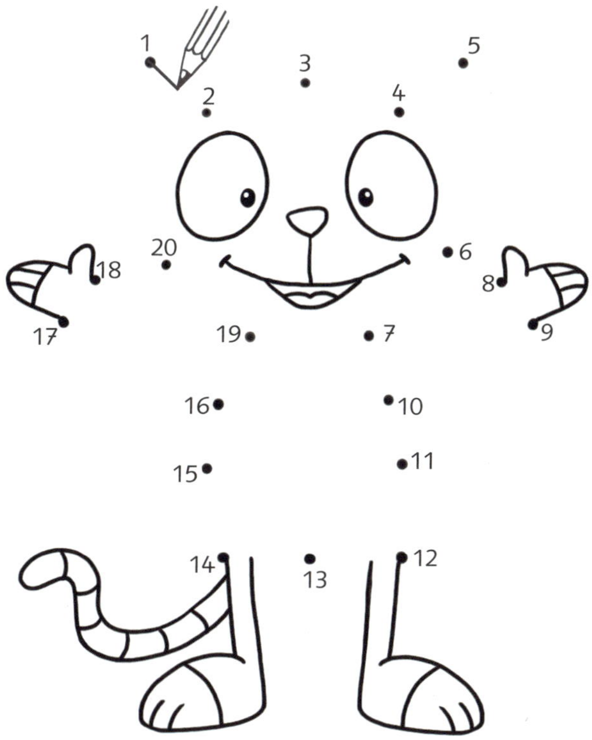

②

0	1	2									11
2	4	6							20		
1	3	5							19		
18	17	16							9		
1	1	3	3	5		7					
2	2	4	4	6		8					

▸AH 1B S.19

Name: Datum:

Zahlenmuster

1

1 1 2 2 3 _ 4 _ _ _ _ _

19 19 17 17 15 _ 13 _ _ _ _ _

20 20 18 18 16 _ 14 _ _ _ _ _

2

1 2 2 3 4 4 _ _ _ _ _ _

20 19 18 19 18 17 _ _ _ _ _ _

1 20 2 19 3 _ _ _ _ _

0 1 2 1 3 2 _ _ _ _

3

1 2 4 5 7 8 _ _ _ _

2 4 7 9 12 14 17 _ _ _

0 3 2 5 4 7 6 _ _ _

► AH 1B S. 19

Name: Datum:

Spiegeln

①

► AH 1B S. 24–26

Name: Datum:

Spiegeln

1

	ja	nein
0 Kreise		
1 Kreis		
2 Kreise		
3 Kreise		
4 Kreise		
5 Kreise	X	
6 Kreise		
7 Kreise		
8 Kreise		
9 Kreise		
10 Kreise		

2

	ja	nein
1 Kreis		
3 Kreise		
4 Kreise		
5 Kreise		
7 Kreise		

▸AH 1B S.24–26

Name: Datum:

Geobrett

①

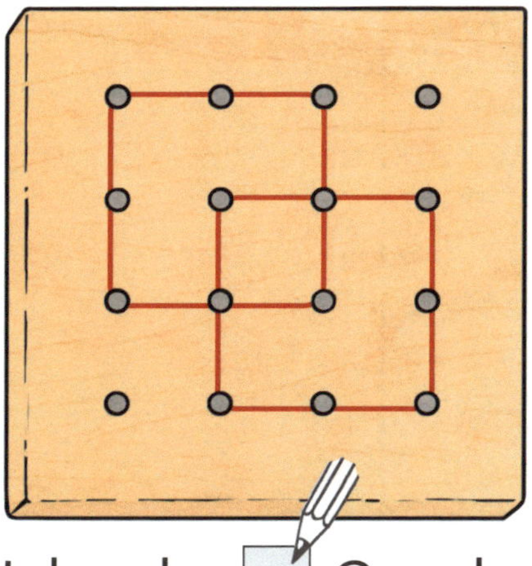

Ich sehe ☐ Quadrate.

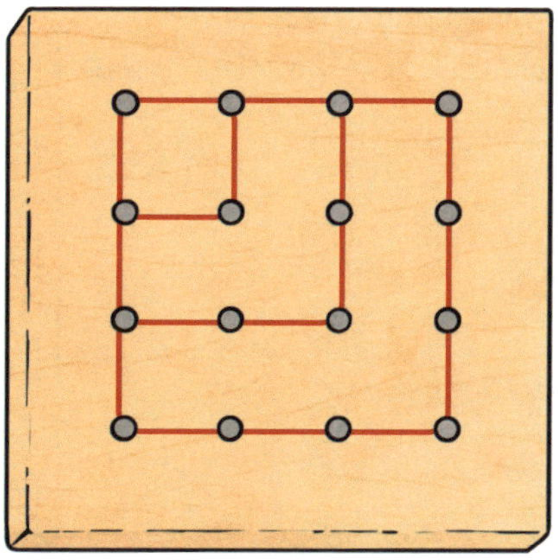

Ich sehe ☐ Quadrate.

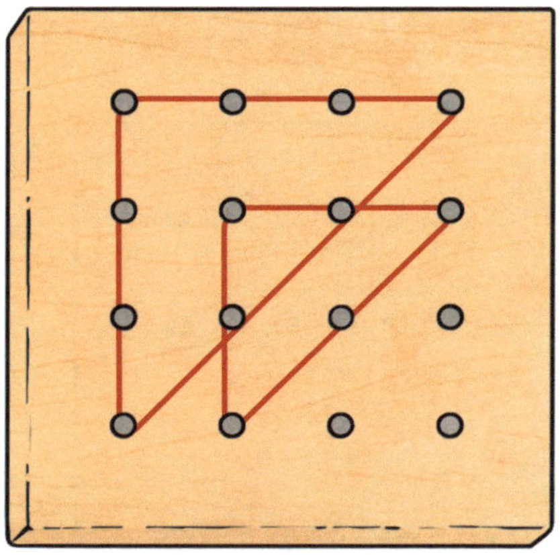

Ich sehe ☐ Dreiecke.

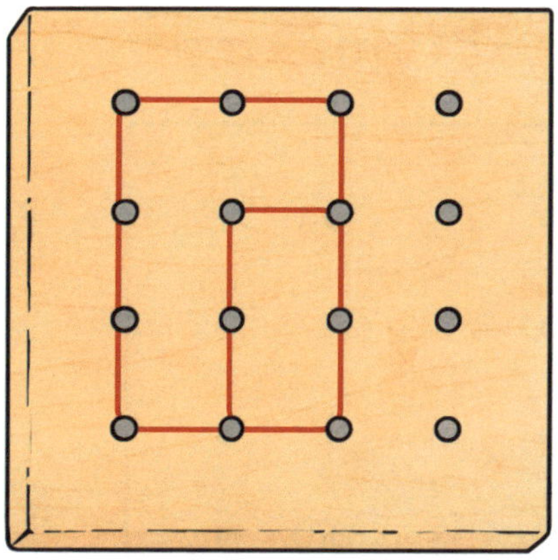

Ich sehe ☐ Rechtecke.

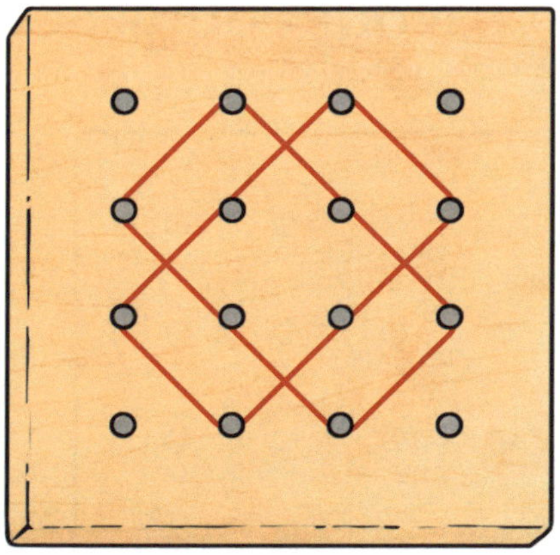

Ich sehe ☐ Rechtecke
und ☐ Quadrate.

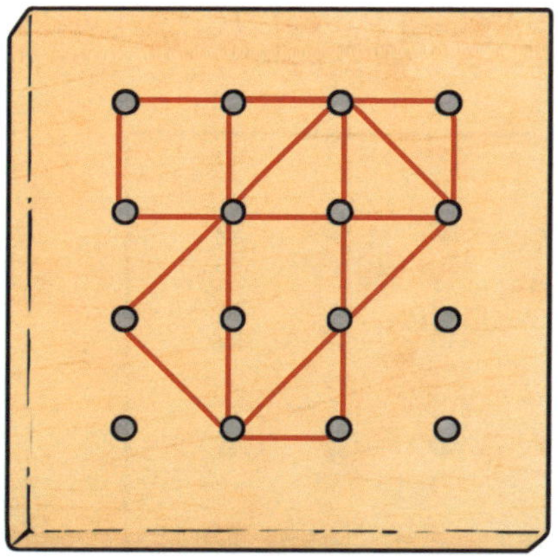

Ich sehe ☐ Quadrate
und ☐ Rechtecke
und ☐ Dreiecke.

► AH 1B S. 27–29

Name: Datum:

Geobrett

①

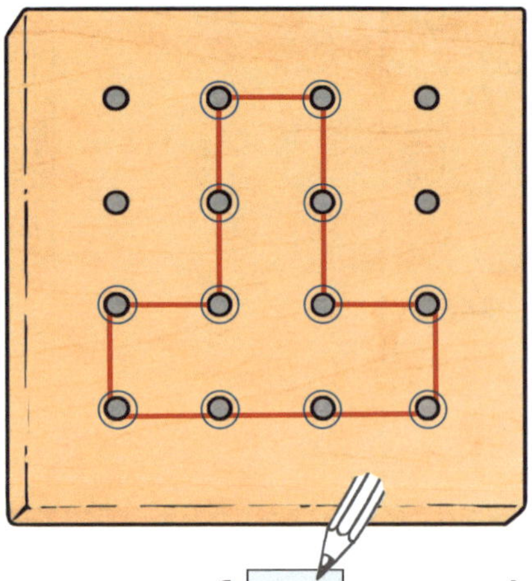

Diese Figur ist auf ☐ Nägel aufgespannt.

② Spanne und zeichne.

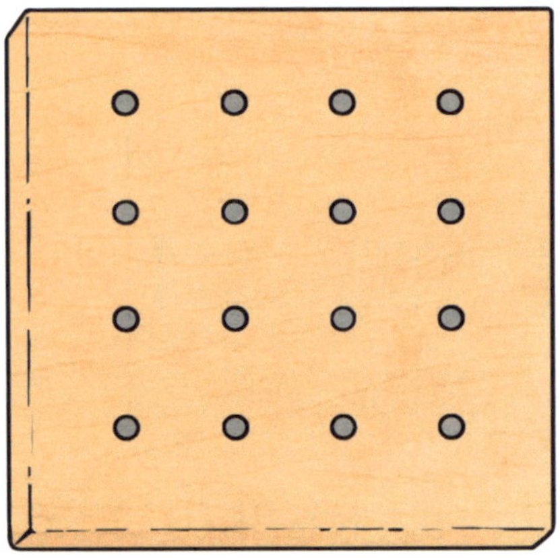

ein Viereck
auf 4 Nägel aufgespannt

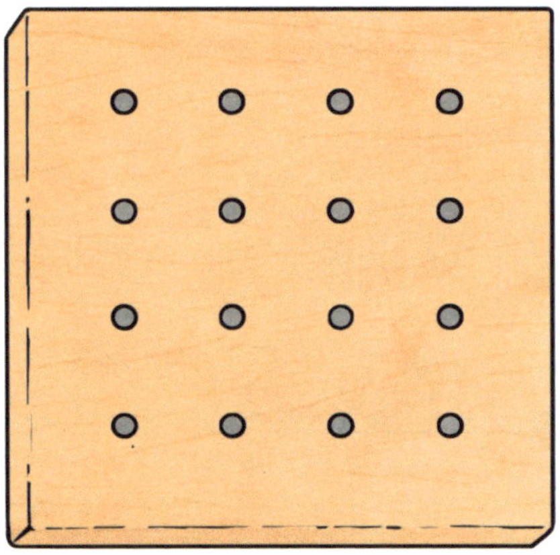

ein Viereck
auf 5 Nägel aufgespannt

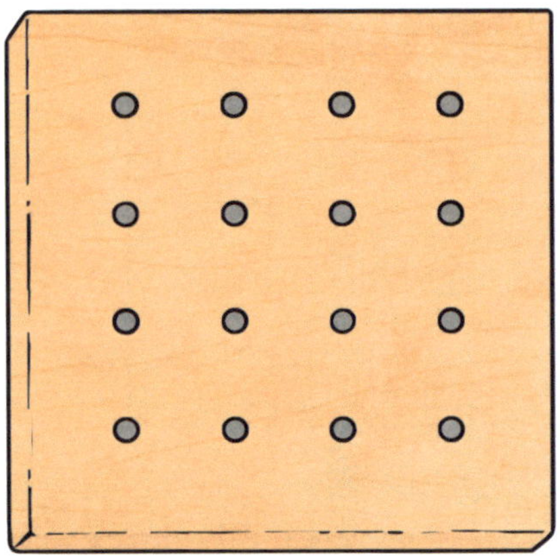

ein Rechteck
auf 8 Nägel aufgespannt

ein Rechteck
auf 10 Nägel aufgespannt

▸AH 1B S. 27–29

Name: Datum:

Kleine und große Aufgaben

① 

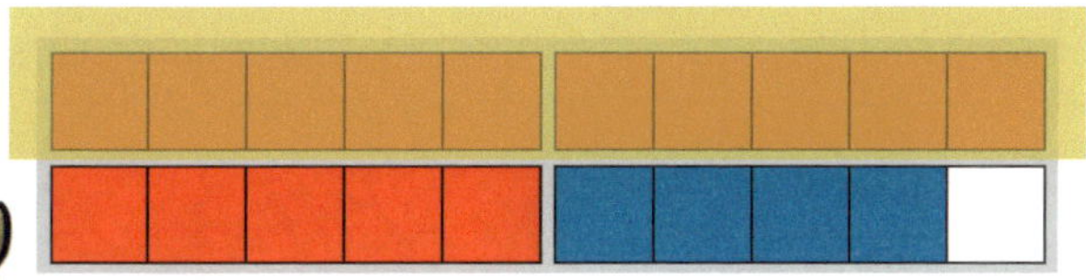

5 + 4 = 9

15 + 4 = 19

1 + 6 = ☐

11 + 6 = ☐

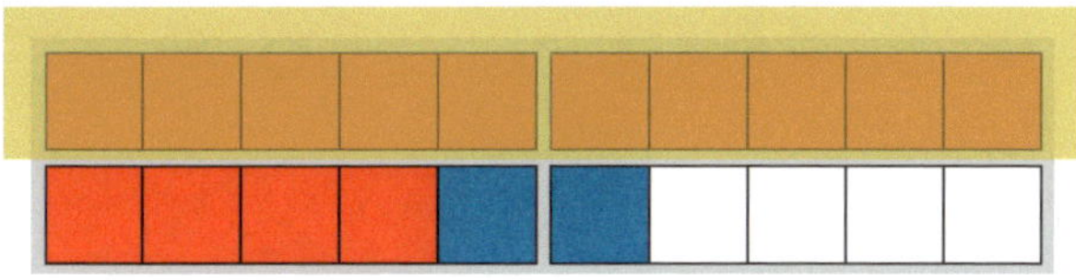

☐ + 2 = ☐

14 + 2 = ☐

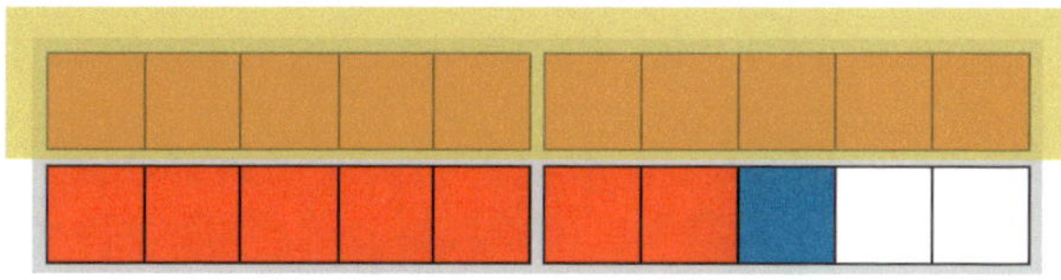

☐ + 1 = ☐

17 + 1 = ☐

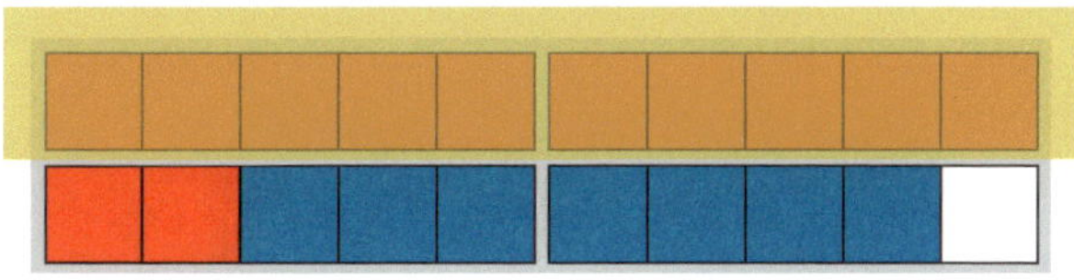

☐ + 7 = ☐

12 + 7 = ☐

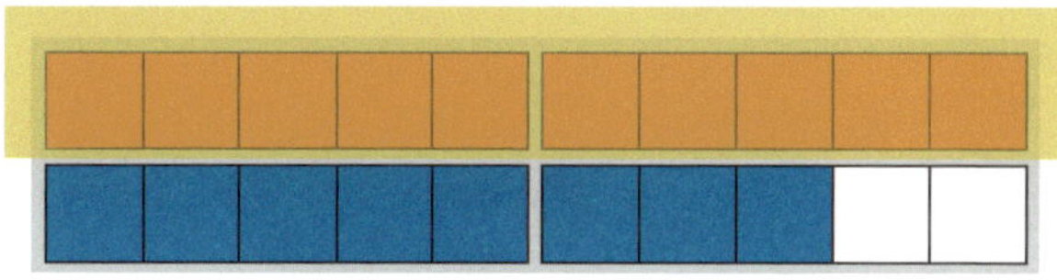

☐ + 8 = ☐

10 + 8 = ☐

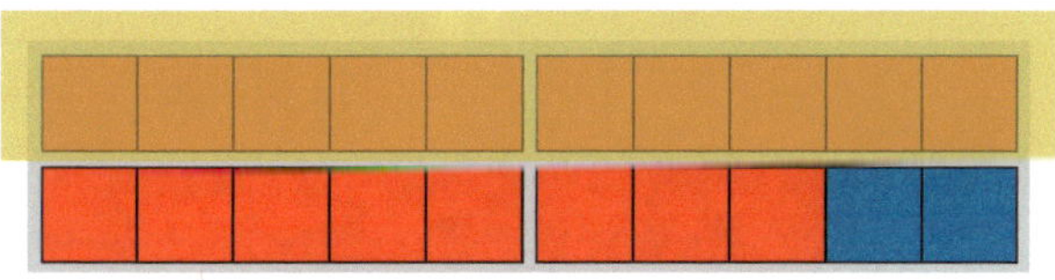

☐ + ☐ = ☐

18 + 2 = ☐

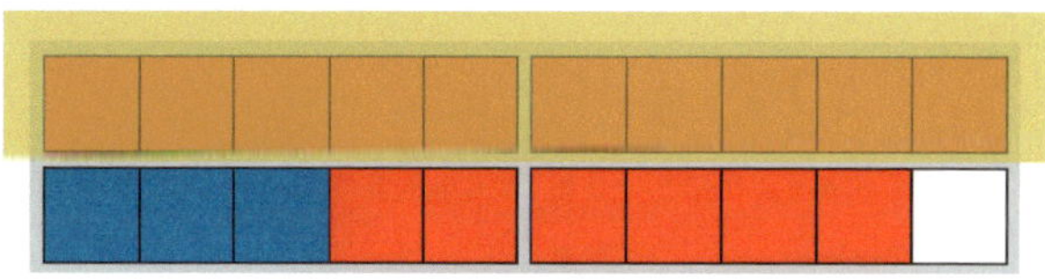

☐ + ☐ = ☐

13 + 6 = ☐

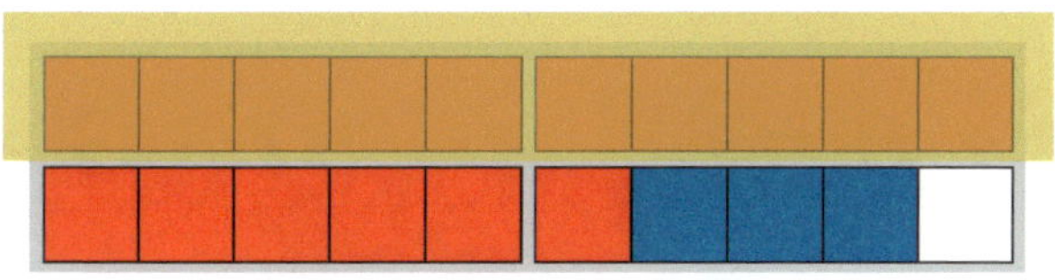

☐ + ☐ = ☐

16 + 3 = ☐

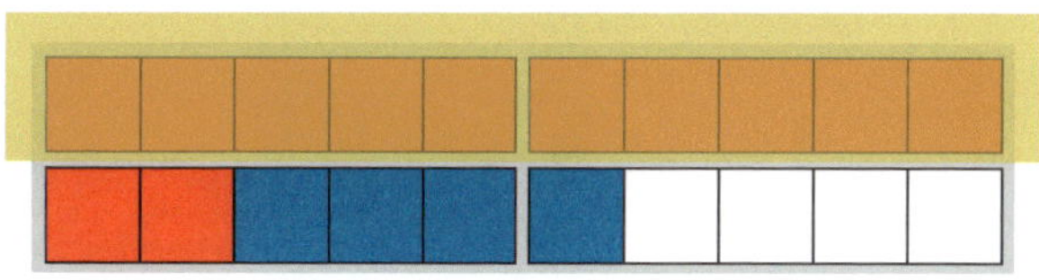

☐ + ☐ = ☐

12 + 4 = ☐

▸ AH 1B S. 32/33

Name: Datum:

Kleine und große Aufgaben

1

4 + 3 = □ | □ + □ = □ | □ + □ = □

14 + 3 = □ | 12 + 4 = □ | 17 + 2 = □

□ + □ = □ | □ + □ = □ | □ + □ = □

10 + 6 = □ | 15 + 5 = □ | 16 + 2 = □

□ + □ = □ | □ + □ = □ | □ + □ = □

19 + 0 = □ | 13 + 7 = □ | 11 + 8 = □

2

□ + □ = □ | □ + □ = □ | □ + □ = □

13 + 5 = □ | 15 + 2 = □ | 16 + 1 = □

23 + 5 = □ | 25 + 2 = □ | 26 + □ = □

33 + 5 = □ | 35 + □ = □ | 36 + □ = □

□ + □ = □ | □ + □ = □ | □ + □ = □

14 + 4 = □ | 22 + 6 = □ | 51 + 3 = □

24 + □ = □ | 32 + 6 = □ | 61 + 3 = □

34 + □ = □ | 42 + 6 = □ | 71 + 3 = □

▸AH 1B S. 32/33

Name: Datum:

Verdopplungsaufgaben

1

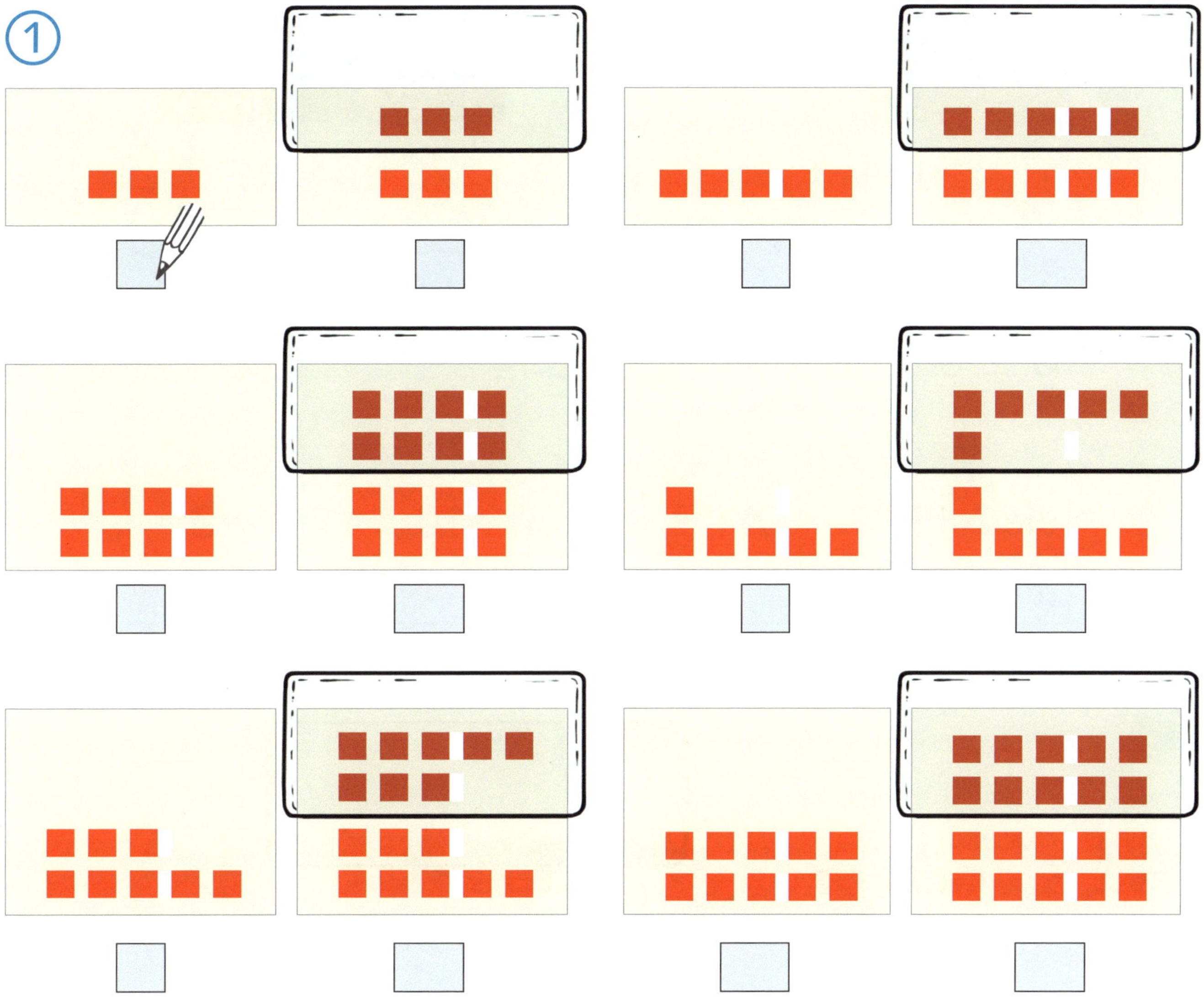

2

► AH 1B S. 34/35

Name: Datum:

Verdopplungsaufgaben

1

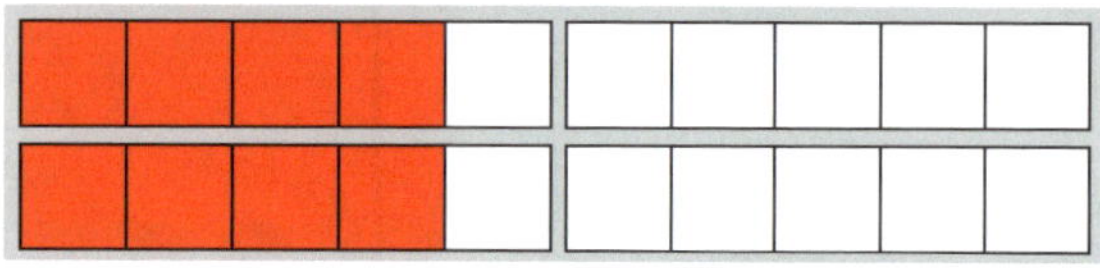

4 + 4 = ☐

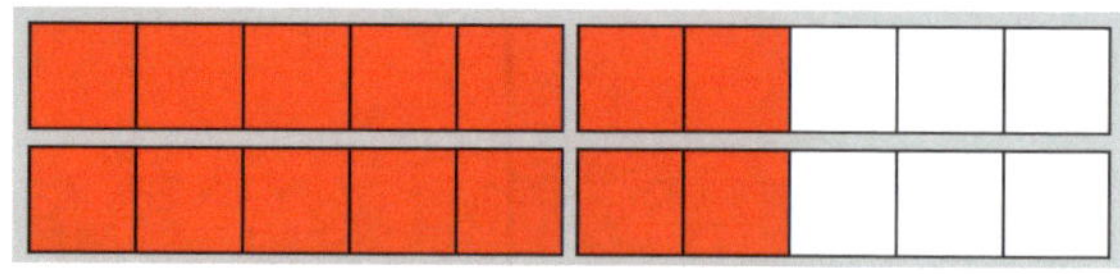

☐ + ☐ = ☐

3 + ☐ = ☐   8 + ☐ = ☐   1 + ☐ = ☐

5 + ☐ = ☐   0 + ☐ = ☐   9 + ☐ = ☐

2

die Zahl	7	3		0	10		1	8	4	
das Doppelte			12			10				4

3

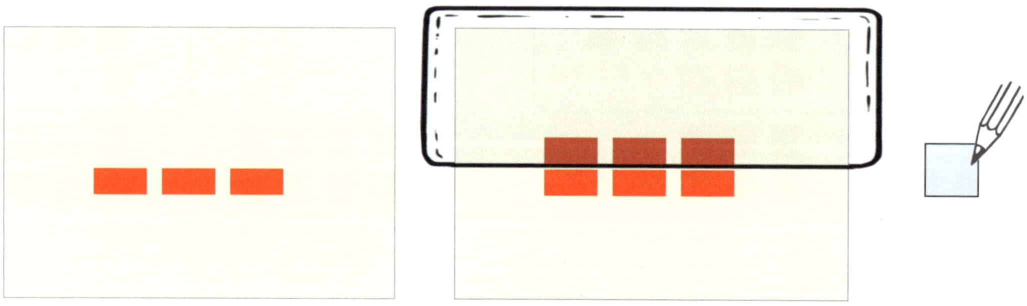

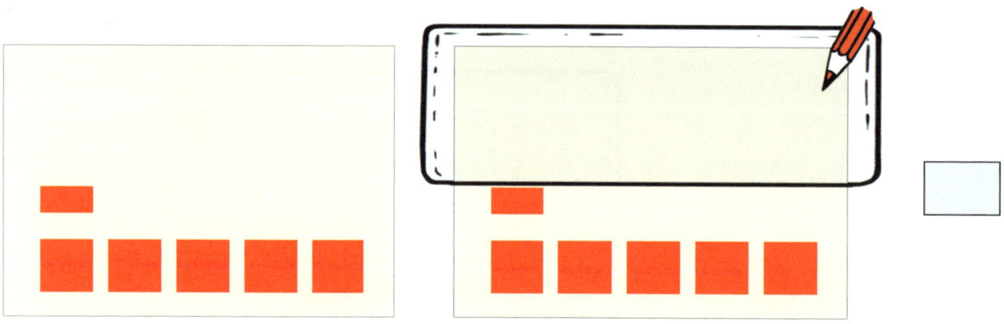

► AH 1B S. 34/35

Name: Datum:

Einspluseinstafel

(1)

+	0	1	2	3	4	5	6	7	8	9	10
0	0+0	0+1	0+2	0+3		0+5	0+6	0+7	0+8	0+9	0+10
1	1+0		1+2	1+3	1+4	1+5	1+6		1+8	1+9	1+10
2	2+0	2+1	2+2	2+3	2+4	2+5	2+6	2+7	2+8	2+9	
3	3+0			3+3	3+4	3+5	3+6	3+7	3+8	3+9	3+10
4	4+0	4+1	4+2	4+3	4+4		4+6	4+7	4+8	4+9	4+10
5	5+0	5+1	5+2	5+3				5+7	5+8	5+9	5+10
6	6+0	6+1	6+2	6+3	6+4		6+6	6+7		6+9	6+10
7		7+1		7+3	7+4	7+5	7+6	7+7		7+9	7+10
8	8+0	8+1	8+2	8+3	8+4	8+5	8+6	8+7		8+9	8+10
9	9+0	9+1					9+6	9+7	9+8	9+9	9+10
10	10+0	10+1	10+2	10+3	10+4	10+5	10+6	10+7	10+8		

▸AH 1B S. 36/37

Name: Datum:

Einspluseinstafel

1

oben

+	0	1	2	3	4	5	6	7	8	9	10
0	0+0	0+1	0+2	0+3	0+4	0+5	0+6	0+7	0+8	0+9	0+10
1	1+0	1+1	1+2	1+3	1+4	1+5	1+6	1+7	1+8	1+9	1+10
2	2+0	2+1	2+2	2+3	2+4	2+5	2+6	2+7	2+8	2+9	2+10
3	3+0	3+1	3+2	3+3	3+4	3+5	3+6	3+7	3+8	3+9	3+10
4	4+0	4+1	4+2	4+3	4+4	4+5	4+6	4+7	4+8	4+9	4+10
5	5+0	5+1	5+2	5+3	5+4	5+5	5+6	5+7	5+8	5+9	5+10
6	6+0	6+1	6+2	6+3	6+4	6+5	6+6	6+7	6+8	6+9	6+10
7	7+0	7+1	7+2	7+3	7+4	7+5	7+6	7+7	7+8	7+9	7+10
8	8+0	8+1	8+2	8+3	8+4	8+5	8+6	8+7	8+8	8+9	8+10
9	9+0	9+1	9+2	9+3	9+4	9+5	9+6	9+7	9+8	9+9	9+10
10	10+0	10+1	10+2	10+3	10+4	10+5	10+6	10+7	10+8	10+9	10+10

links

rechts

unten

3 + 8

2 + 0

2 + 7

9 + 0

8 + 8

7 + 3

7 + 8

2 + 10

9 + 10

1 + 2

2

+	3	9	12	6
4	7	13		
2				
7				

+	5	8	7	10
9				
0				
8				

▸ AH 1B S. 36/37

Name: Datum:

Nachbaraufgaben

①

2 + 8 = □

3 + 8 = □

□ + □ = □

2 + 9 = □

□ + □ = □

6 + 5 = □

□ + □ = □

7 + 4 = □

②

6 + 6 = □

6 + 7 = □

□ + □ = □

□ + □ = □

8 + 9 = □

□ + □ = □

□ + □ = □

4 + 5 = □

□ + □ = □

□ + □ = □

7 + 8 = □

□ + □ = □

► AH 1B S. 38/39

Name: Datum:

Nachbaraufgaben

1

☐ + ☐ = ☐

☐ + ☐ = ☐ | 5 + 6 = ☐ | ☐ + ☐ = ☐

☐ + ☐ = ☐

Das Ergebnis ist um 1 kleiner als das in der Mitte.

Das Ergebnis ist um 1 größer als das in der Mitte.

☐ + ☐ = ☐

☐ + ☐ = ☐ | 7 + 4 = ☐ | ☐ + ☐ = ☐

☐ + ☐ = ☐

2 Wie viele Nachbaraufgaben haben alle Verdopplungsaufgaben in der Einspluseinstafel zusammen? ☐

Was fällt dir auf?

Rechte Nachbaraufgaben: ____________________

____

Linke Nachbaraufgaben: ____________________

____

▸AH 1B S. 38/39

Name: Datum:

Zehnerübergang

①

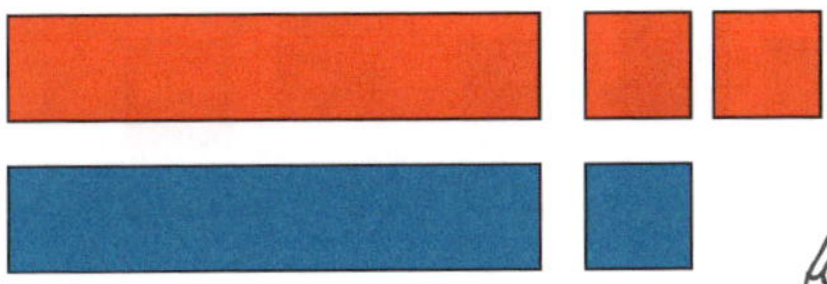

7 + 6 = ☐

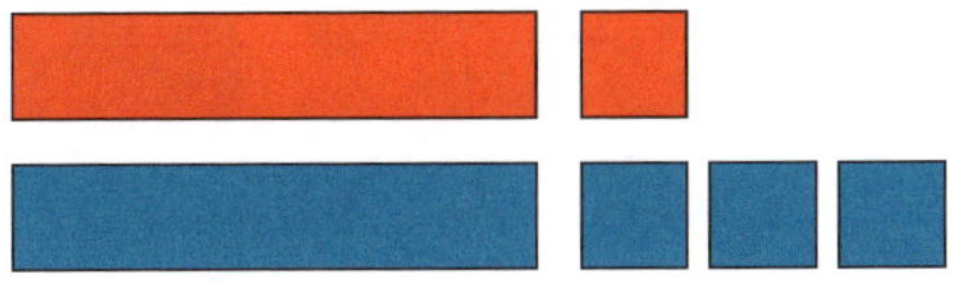

☐ + ☐ = ☐

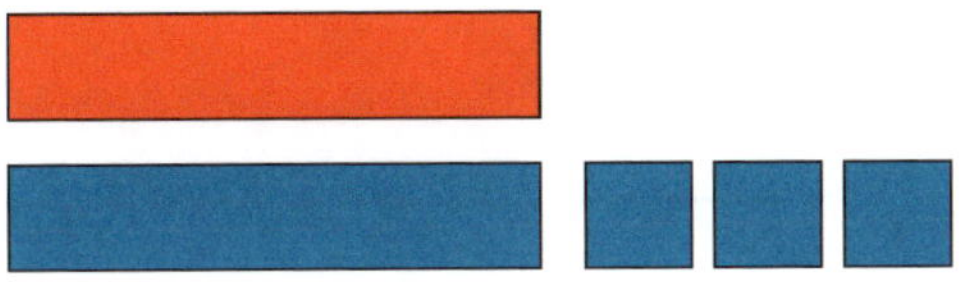

☐ + ☐ = ☐

☐ + ☐ = ☐

☐ + ☐ = ☐

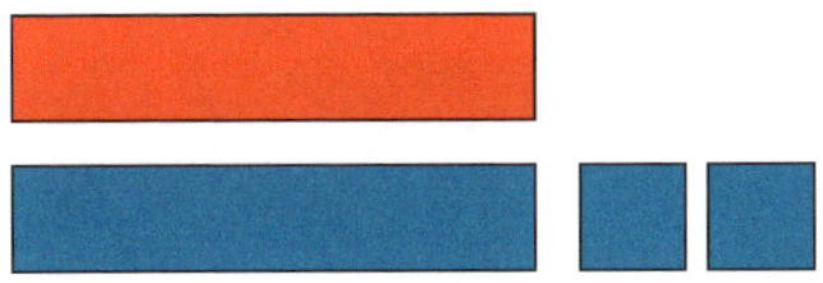

☐ + ☐ = ☐

②

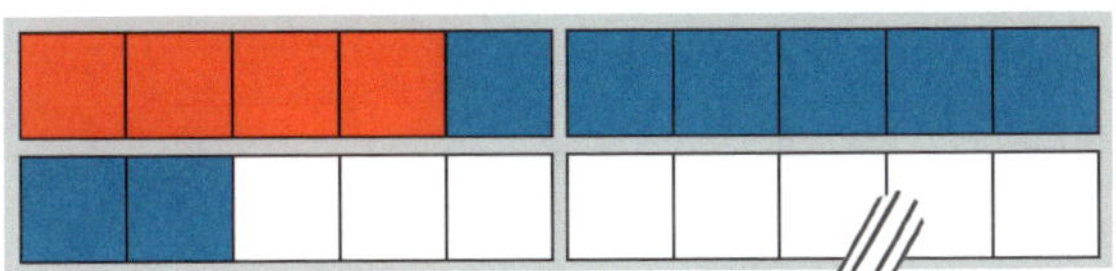

☐ + ☐ = ☐

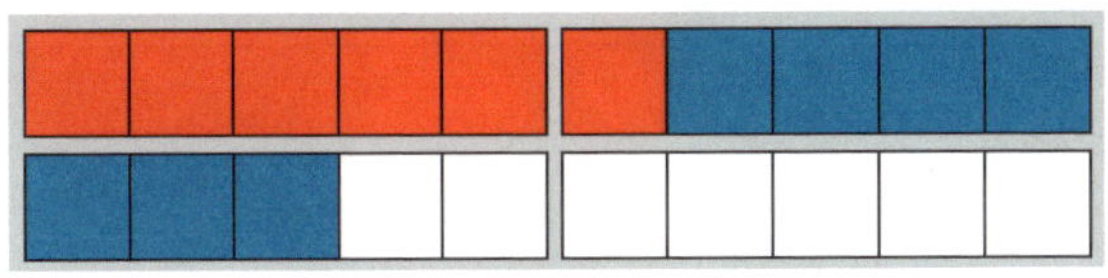

☐ + ☐ = ☐

☐ + ☐ = ☐

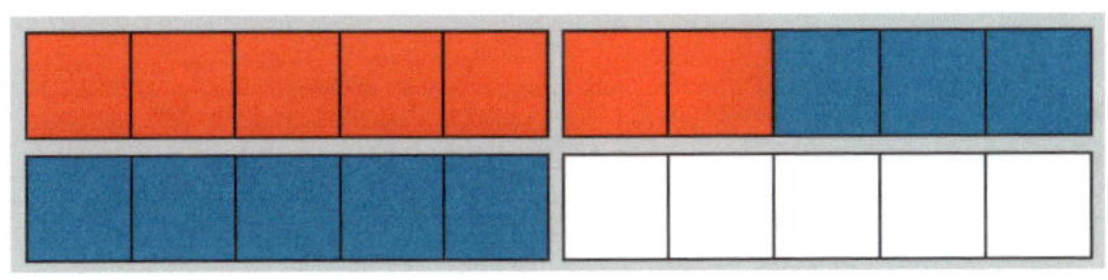

☐ + ☐ = ☐

☐ + ☐ = ☐

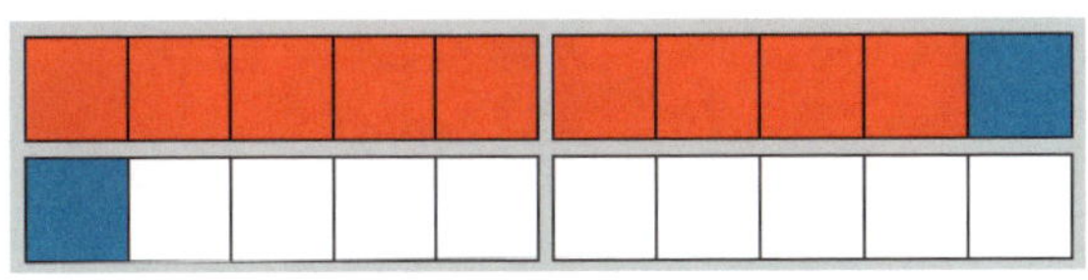

☐ + ☐ = ☐

▸ AH 1B S. 40/41

Name: Datum:

Zehnerübergang

1

$6 + 5 =$ ☐

$8 + 7 =$ ☐

$7 + 7 =$ ☐

$9 + 5 =$ ☐

2

$5 + 7 =$ ☐

$8 + 6 =$ ☐

$7 + 9 =$ ☐

$9 + 3 =$ ☐

$6 + 7 =$ ☐

$4 + 9 =$ ☐

► AH 1B S. 40/41

Name: Datum:

Tauschaufgaben

①

3 + 9 = □
9 + 3 = □

4 + 8 = □
8 + 4 = □

5 + 13 = □
13 + 5 = □

2 + 17 = □
□ + □ = □

6 + 9 = □
□ + □ = □

4 + 7 = □
□ + □ = □

4 + 15 = □
□ + □ = □

3 + 8 = □
□ + □ = □

2 + 9 = □
□ + □ = □

②

10 + 1

6 + 13

0 + 2

9 + 7

1 + 10

8 + 5

5 + 5

7 + 4

4 + 7

2 + 0

13 + 6

7 + 9

▸AH 1B S. 44

Name: Datum:

Tauschaufgaben

1 Tausche geschickt.

7 + 5 + 3 = □
7 + 3 + 5 = □

2 + 9 + 8 = □
□ + □ + □ = □

8 + 6 + 4 = □
□ + □ + □ = □

9 + 7 + 1 = □
□ + □ + □ = □

5 + 9 + 5 = □
□ + □ + □ = □

3 + 9 + 7 = □
□ + □ + □ = □

1 + 2 + 9 = □
□ + □ + □ = □

4 + 7 + 6 = □
□ + □ + □ = □

2

14 = □ + □
14 = □ + □

11 = □ + □
11 = □ + □

17 = □ + □
17 = □ + □

10 = □ + □
10 = □ + □

18 = □ + □
18 = □ + □

15 = □ + □
15 = □ + □

13 = □ + □
13 = □ + □

20 = □ + □
20 = □ + □

16 = □ + □
16 = □ + □

► AH 1B S.44

Name: Datum:

Entdeckerpäckchen

1

9 + 8 = □
9 + 7 = □
9 + 6 = □
9 + 5 = □

3 + 8 = □
4 + 8 = □
5 + 8 = □
6 + 8 = □

6 + 7 = □
5 + 7 = □
4 + 7 = □
3 + 7 = □

4 + 5 = □
4 + 6 = □
4 + 7 = □
4 + 8 = □

6 + 3 = □
6 + 5 = □
□ + 7 = □
□ + 9 = □

3 + 9 = □
2 + 9 = □
1 + □ = □
0 + □ = □

7 + 8 = □
8 + 7 = □
9 + 6 = □
□ + □ = □

5 + 8 = □
5 + 6 = □
5 + 4 = □
□ + □ = □

▸AH 1B S.45

Name: Datum:

Entdeckerpäckchen

1

8 + 2 = □

8 + 3 = □

8 + 4 = □

□ + □ = □

□ + □ = □

Die erste Zahl ______________________

______________________ .

Die zweite Zahl ______________________

______________________ .

Das Ergebnis ______________________

______________________ .

wird um __ größer

bleibt gleich

wird um __ kleiner

4 + 7 = □

5 + 6 = □

6 + 5 = □

□ + □ = □

□ + □ = □

Die erste Zahl ______________________

______________________ .

Die zweite Zahl ______________________

______________________ .

Das Ergebnis ______________________

______________________ .

2

□ + □ = □ ______________________

□ + □ = □ ______________________

□ + □ = □ ______________________

□ + □ = □ ______________________

□ + □ = □ ______________________

▸AH 1B S.45

Name: Datum:

Ergänzungsaufgaben

1

5 + □ = 10	7 + □ = 10	2 + □ = 10
5 + □ = 20	7 + □ = 20	2 + □ = 20
6 + □ = 10	9 + □ = 10	0 + □ = 10
6 + □ = 20	9 + □ = 20	0 + □ = 20
3 + □ = 10	1 + □ = 10	4 + □ = 10
13 + □ = 20	11 + □ = 20	14 + □ = 20
10 + □ = 10	8 + □ = 10	5 + □ = 10
20 + □ = 20	18 + □ = 20	15 + □ = 20

2

0 + □ = 20	10 + □ = 20
1 + □ = 20	11 + □ = 20
2 + □ = 20	12 + □ = 20
3 + □ = 20	□ + □ = 20
4 + □ = 20	□ + □ = 20
5 + □ = 20	□ + □ = 20
6 + □ = 20	□ + □ = 20
7 + □ = 20	□ + □ = 20
8 + □ = 20	□ + □ = 20
9 + □ = 20	□ + □ = 20
	20 + □ = 20

▸ AH 1B S. 46/47

Name: Datum:

Ergänzungsaufgaben

1

5 + ☐ = 12	13 + ☐ = 19	4 + ☐ = 12
7 + ☐ = 16	8 + ☐ = 17	9 + ☐ = 19
3 + ☐ = 11	6 + ☐ = 16	7 + ☐ = 9
2 + ☐ = 7	9 + ☐ = 9	0 + ☐ = 16
8 + ☐ = 14	12 + ☐ = 14	5 + ☐ = 14
6 + ☐ = 13	10 + ☐ = 20	7 + ☐ = 15

2

16 = 5 + ☐ + ☐	13 = ☐ + 1 + ☐
16 = 5 + ☐ + ☐	13 = ☐ + 1 + ☐
16 = 5 + ☐ + ☐	13 = ☐ + 1 + ☐
16 = 5 + ☐ + ☐	13 = ☐ + 1 + ☐
14 = ☐ + ☐ + 4	18 = ☐ + 5 + ☐
14 = ☐ + ☐ + 4	18 = 5 + ☐ + ☐
14 = ☐ + ☐ + 4	18 = ☐ + ☐ + 5
14 = ☐ + ☐ + 4	18 = ☐ + 5 + ☐
17 = ☐ + ☐ + 3	19 = ☐ + 7 + ☐
17 = ☐ + ☐ + 3	19 = 7 + ☐ + ☐
17 = ☐ + ☐ + 3	19 = ☐ + ☐ + 7
17 = ☐ + ☐ + 3	19 = ☐ + 7 + ☐

▸ AH 1B S. 46/47

Name: Datum:

Rechenmauern

①

4	7	2	6	9	5
7	8	3	9	8	10
13	0	6	6	5	8
5	11	12	4	4	14
3	17	2	18	1	19
4	10	11	8	0	17

► AH 1B S. 48/49

Rechenmauern

1

13	
	6

12	
	8

11	
5	

9	
4	

17	
	0

15	
9	

2

13	

13	

13	

19	

19	

19	

3

9	

~~9~~ 18 8 3 13 7 12 15 4 10 8 9

▸ AH 1B S. 48/49

Name: Datum:

Baupläne

①

2		

►AH 1B S.61

Name: Datum:

Baupläne

1

☐ Würfel

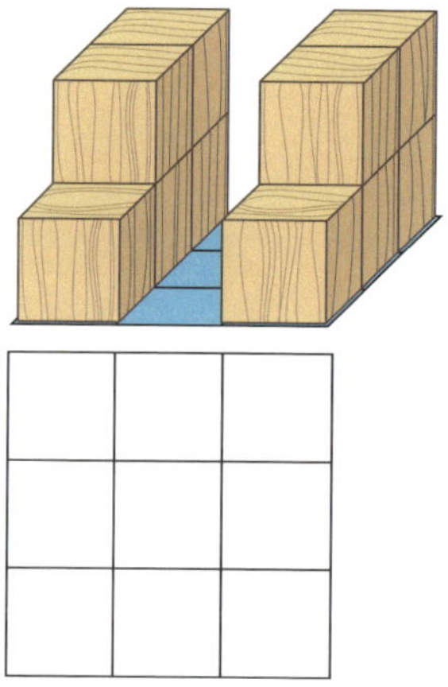

☐ Würfel

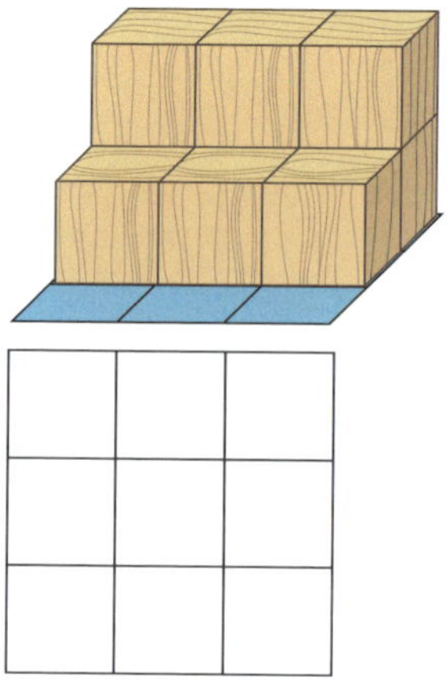

☐ Würfel

2

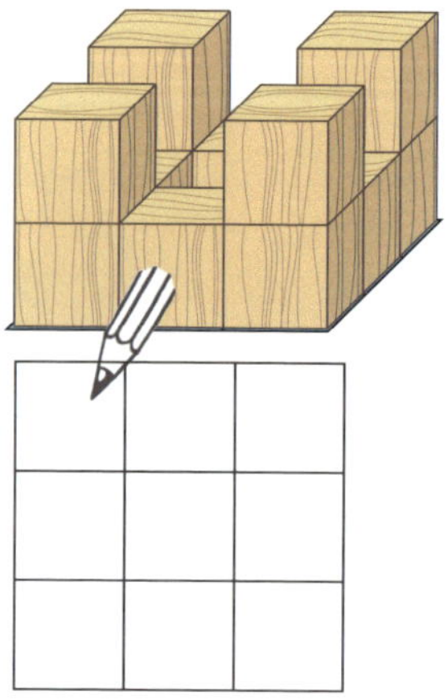

☐ Würfel

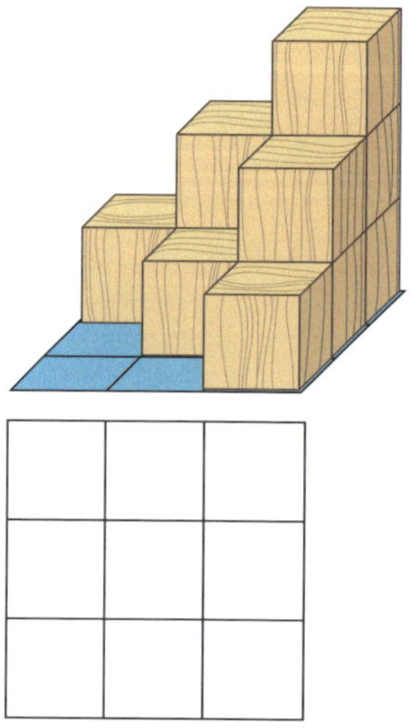

☐ Würfel

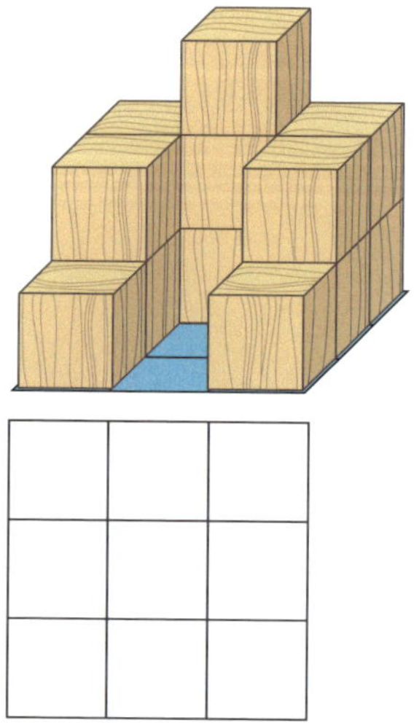

☐ Würfel

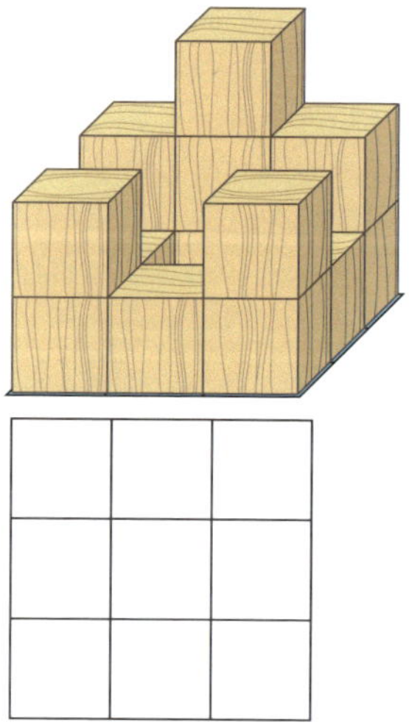

☐ Würfel

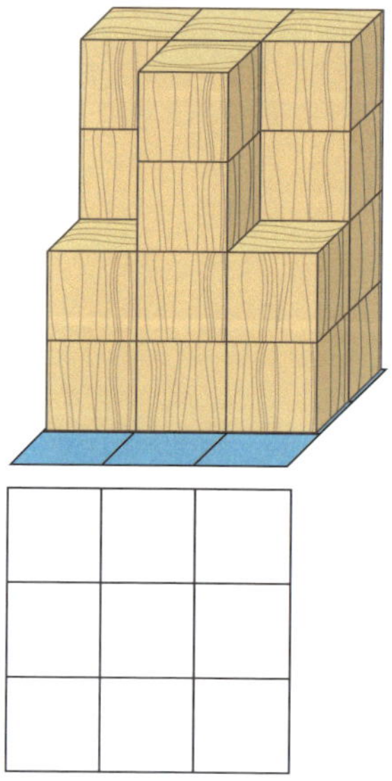

☐ Würfel

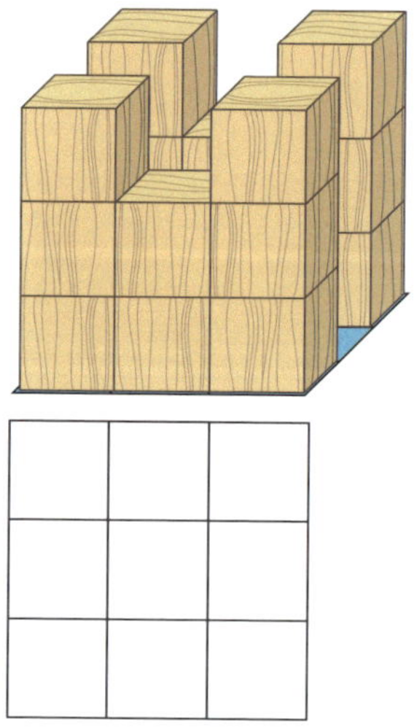

16 Würfel

▸AH 1B S. 61

Name: Datum:

Kleine und große Aufgaben

①

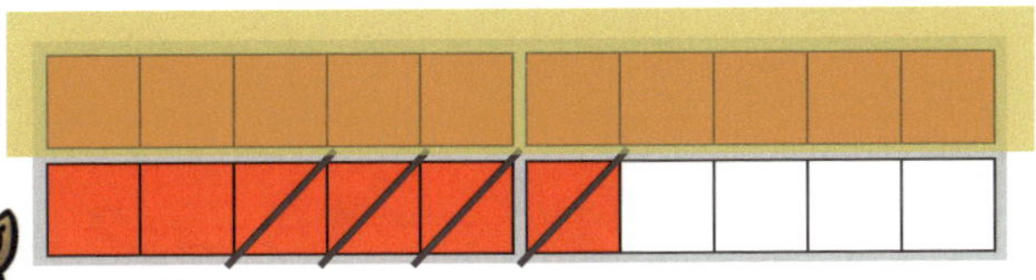

6 – 4 = 2

16 – 4 = 12

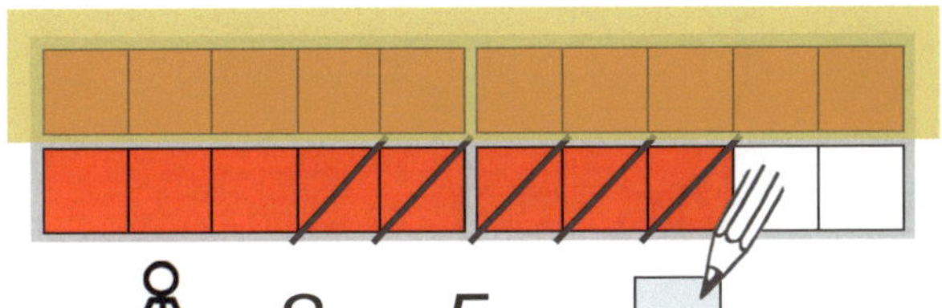

8 – 5 = ☐

18 – 5 = ☐

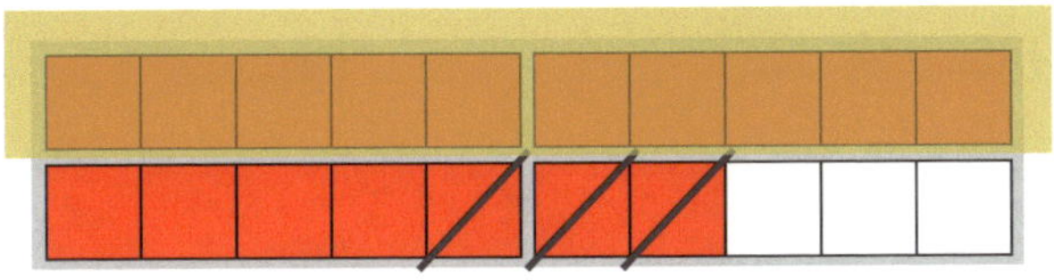

☐ – 3 = ☐

17 – 3 = ☐

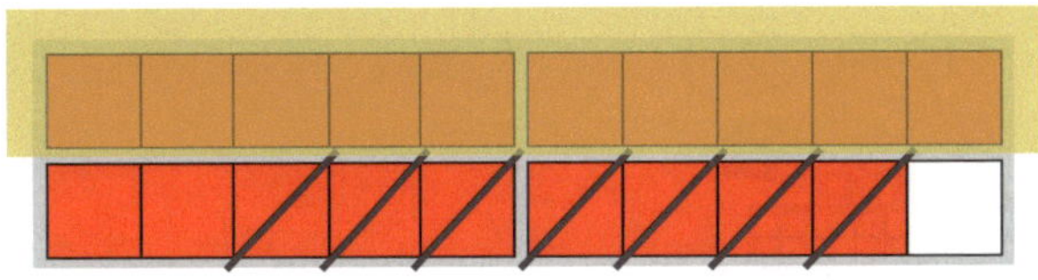

☐ – 7 = ☐

19 – 7 = ☐

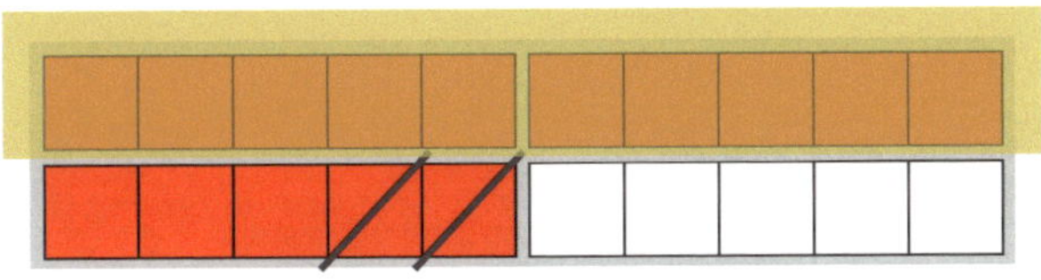

☐ – 2 = ☐

15 – 2 = ☐

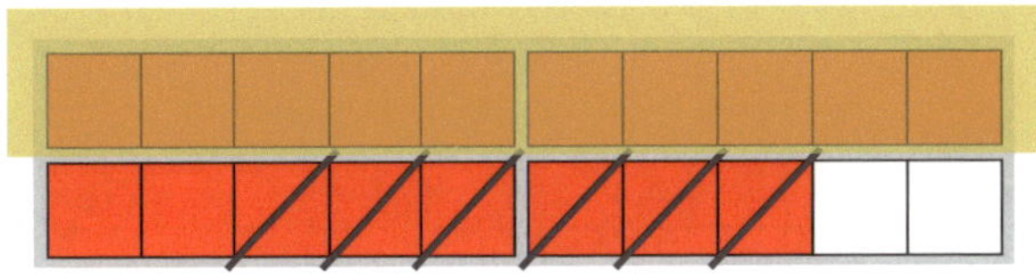

☐ – 6 = ☐

18 – 6 = ☐

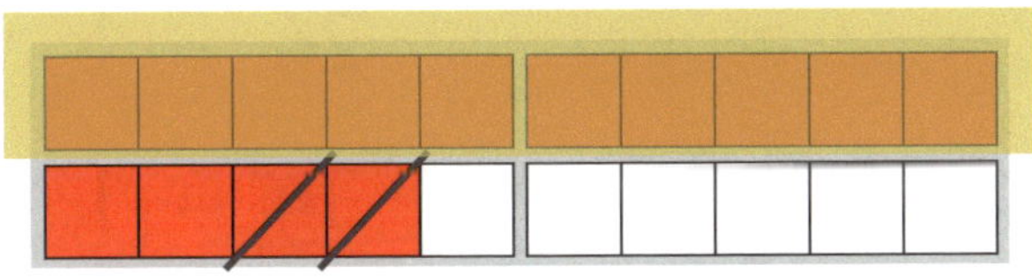

☐ – ☐ = ☐

14 – 2 = ☐

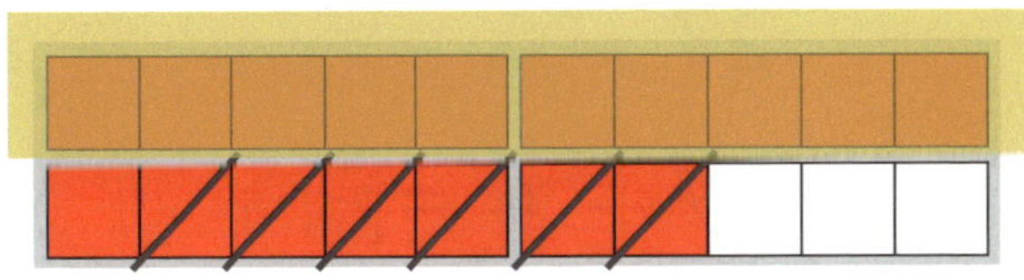

☐ – ☐ = ☐

17 – 6 = ☐

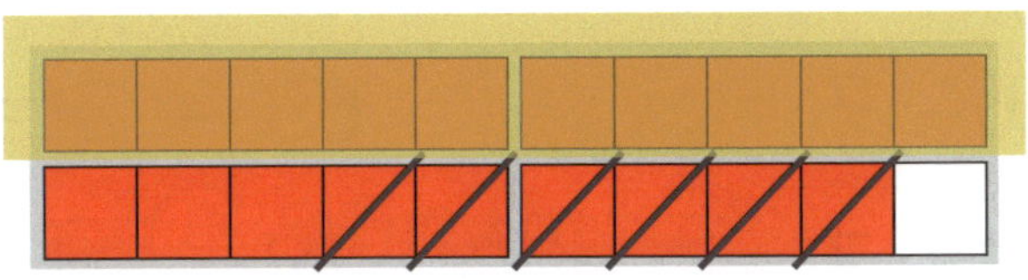

☐ – ☐ = ☐

19 – 6 = ☐

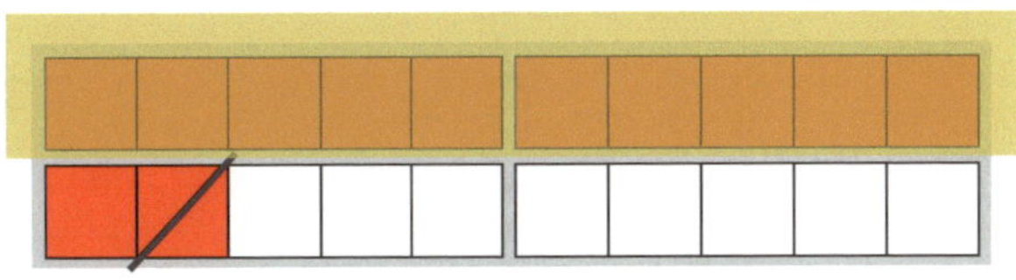

☐ – ☐ = ☐

12 – 1 = ☐

▸AH 1B S. 66/67

Name: Datum:

Kleine und große Aufgaben

1

□ – □ = □ □ – □ = □ □ – □ = □

16 – 3 = □ 18 – 4 = □ 15 – 3 = □

□ – □ = □ □ – □ = □ □ – □ = □

20 – 7 = □ 19 – 3 = □ 14 – 0 = □

□ – □ = □ □ – □ = □ □ – □ = □

17 – 5 = □ 16 – 0 = □ 15 – 5 = □

2

□ – □ = □ □ – □ = □ □ – □ = □

17 – 4 = □ 18 – 2 = □ 14 – 1 = □

27 – 4 = □ 28 – 2 = □ 24 – 1 = □

37 – 4 = □ 38 – 2 = □ 34 – 1 = □

□ – □ = □ □ – □ = □ □ – □ = □

16 – 5 = □ 39 – 7 = □ 63 – 2 = □

26 – □ = □ 49 – 7 = □ 73 – □ = □

36 – □ = □ 59 – □ = □ 83 – □ = □

▸AH 1B S. 66/67

Name: Datum:

Zehnerübergang

①

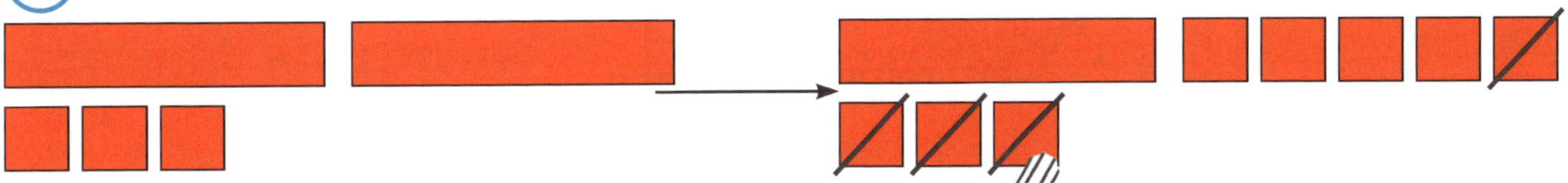

13 – 4 = ☐

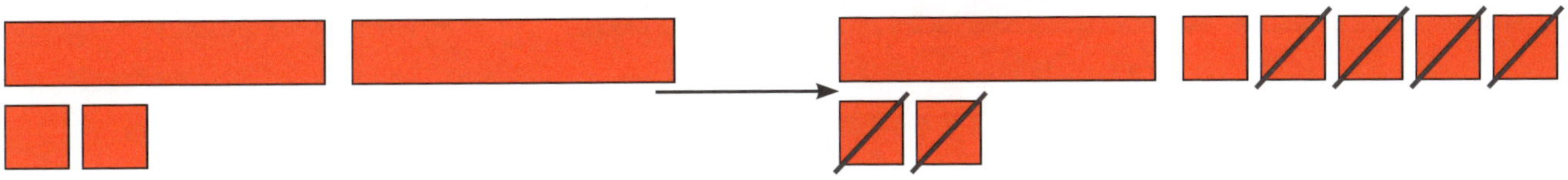

12 – 6 = ☐

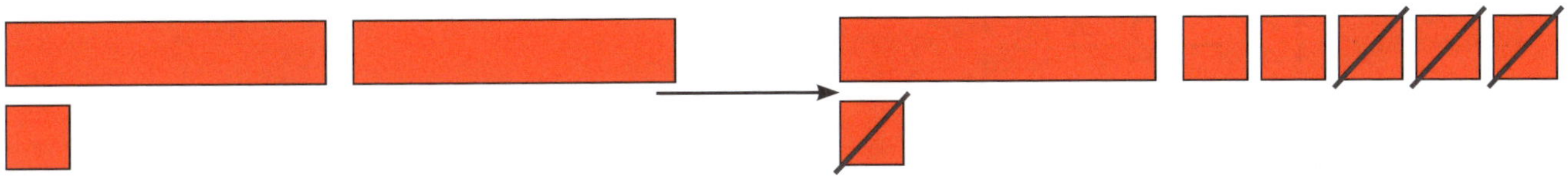

11 – 4 = ☐

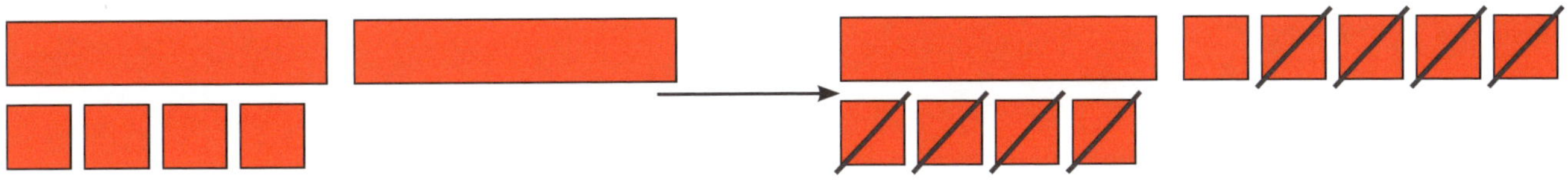

14 – 8 = ☐

②

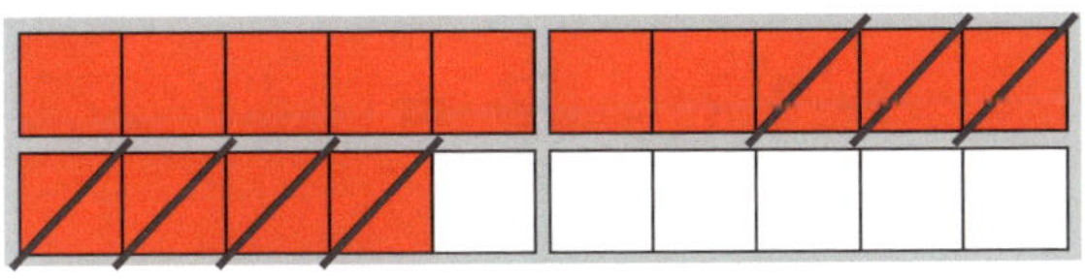

☐ – ☐ = ☐

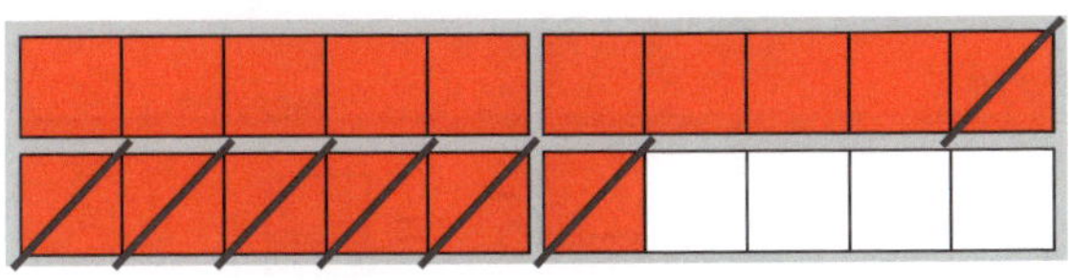

☐ – ☐ = ☐

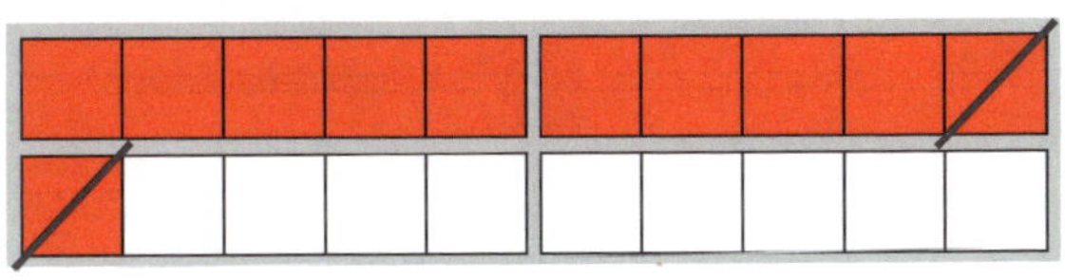

☐ – ☐ = ☐

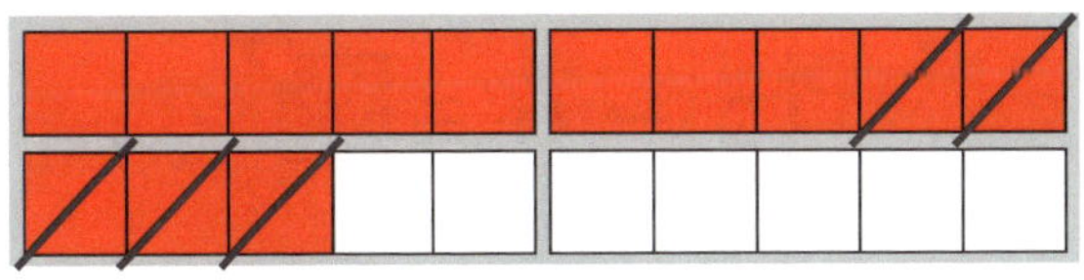

☐ – ☐ = ☐

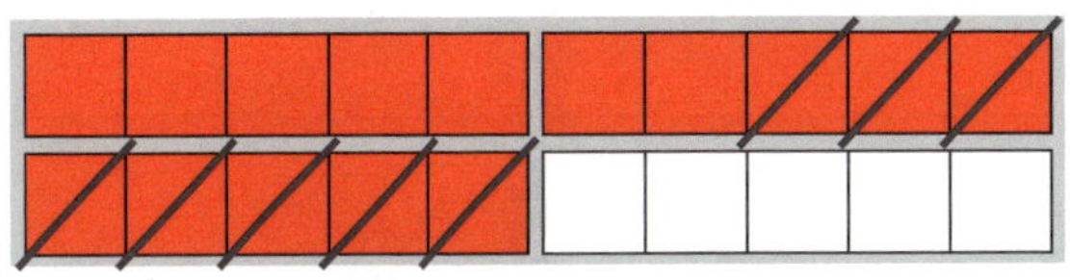

☐ – ☐ = ☐

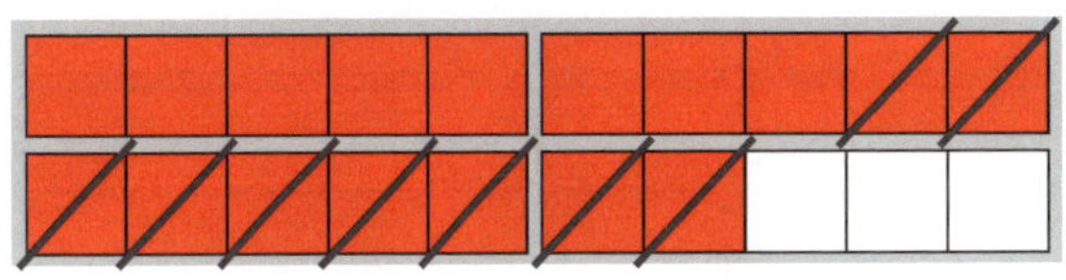

☐ – ☐ = ☐

▸ AH 1B S. 68/69

Name: Datum:

Zehnerübergang

1

ja nein

13 – 5 = ☐ wechseln? ☐ ☐

14 – 7 = ☐ wechseln? ☐ ☐

11 – 2 = ☐ wechseln? ☐ ☐

12 – 4 = ☐ wechseln? ☐ ☐

2

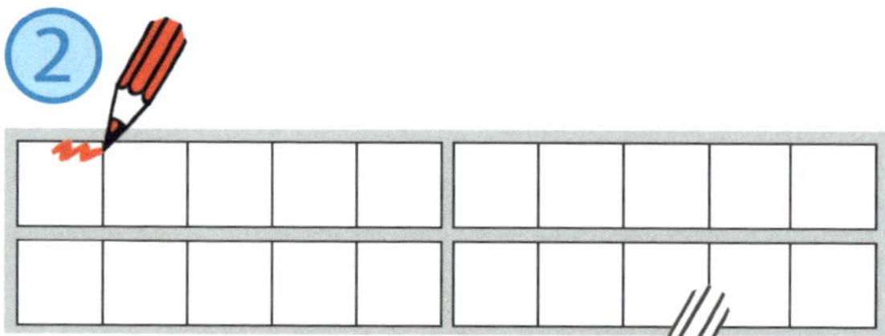

15 – 6 = ☐

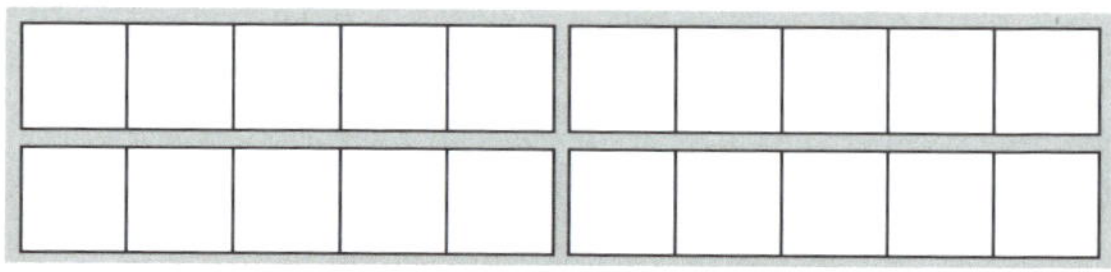

13 – 7 = ☐

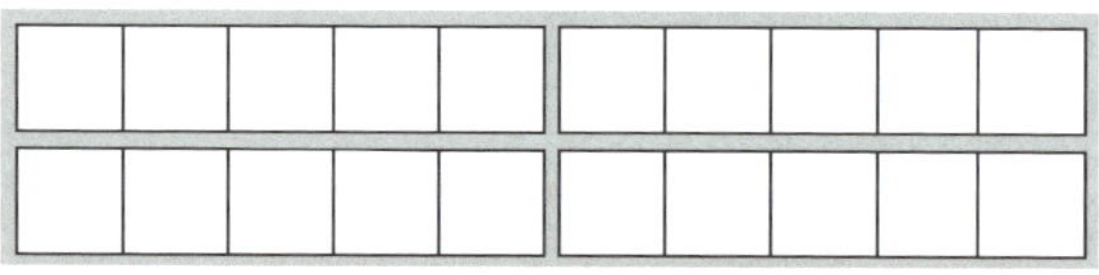

11 – 5 = ☐

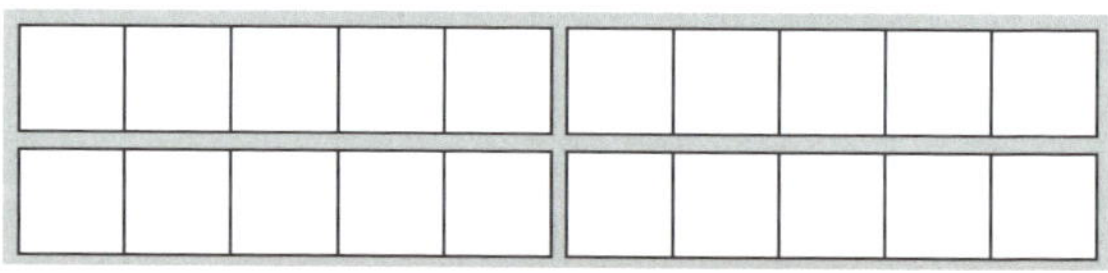

14 – 6 = ☐

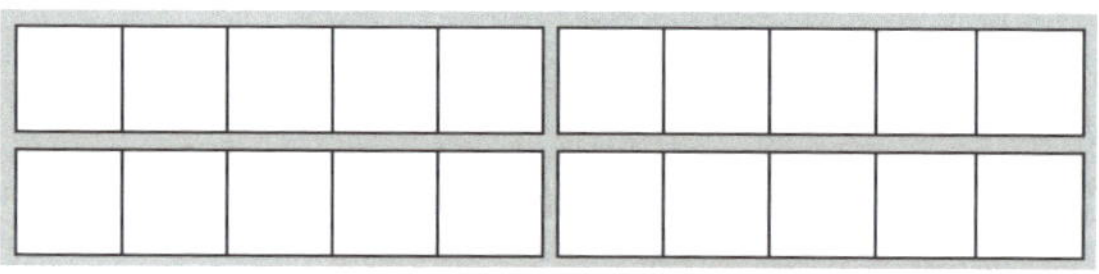

16 – 9 = ☐

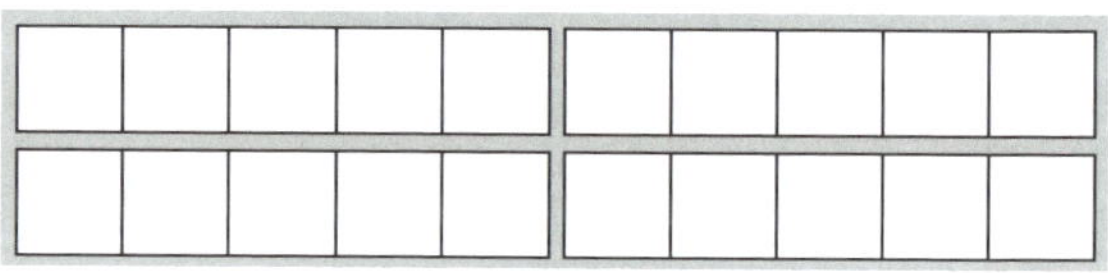

12 – 3 = ☐

▸ AH 1B S. 68/69

Name: Datum:

Halbierungsaufgaben

1

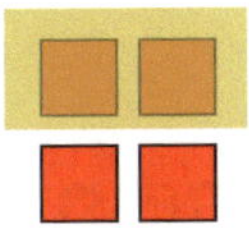

4 – 2 = □

4 = □ + □

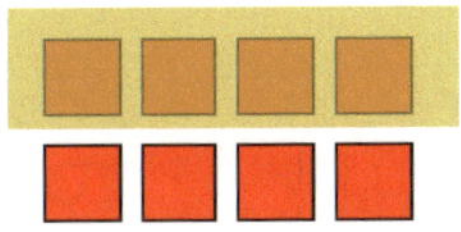

8 – 4 = □

8 = □ + □

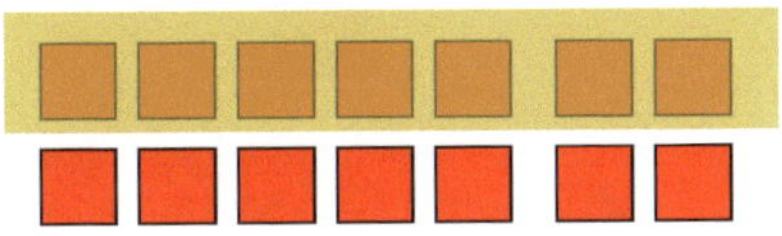

14 – □ = □

14 = □ + □

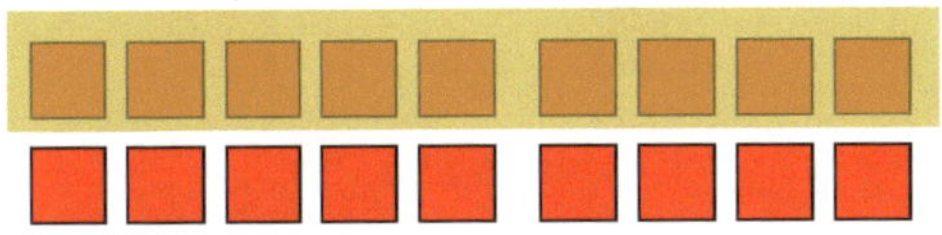

18 – □ = □

18 = □ + □

2

6 – 3 = □

6 = □ + □

10 – □ = □

10 = □ + □

12 – □ = □

12 = □ + □

16 – □ = □

16 = □ + □

▸AH 1B S.70

Name: Datum:

Halbierungsaufgaben

1 Halbieren möglich?

☐ ja ☐ nein

☐ ja ☐ nein

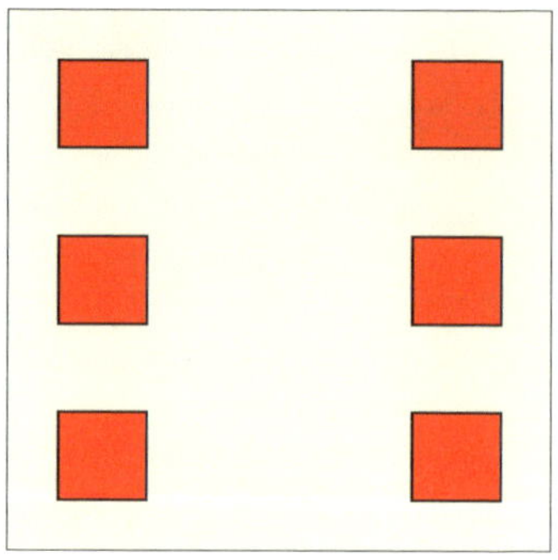

☐ ja ☐ nein

☐ ja ☐ nein

☐ ja ☐ nein

☐ ja ☐ nein

2 Verdoppeln und halbieren X oder V?

16 – 8 = 8, denn 8 + 8 = 16 ☐

12 – 5 = 7, denn 6 + 6 = 12 ☐

18 – 9 = 9, denn 9 + 9 = 18 ☐

14 – 7 = 7, denn 7 + 7 = 14 ☐

20 – 10 = 10, denn 12 + 8 = 20 ☐

▸ AH 1B S. 70

Name: Datum:

Umkehraufgaben/Aufgabenfamilien

①

15 − 7 = □
8 + 7 = 15

12 − 8 = □
□ + 8 = 12

13 − 8 = □
□ + 8 = 13

9 + 6 = □
□ − 6 = 9

8 + 3 = □
□ − 3 = 8

12 + 7 = □
□ − 7 = 12

17 − 8 = □
□ + □ = 17

14 − 9 = □
□ + □ = 14

6 + 5 = □
□ − □ = 6

②

Haus: 6, 13, 7
6 + 7 = □
7 + 6 = □
13 − 7 = □
13 − 6 = □

Haus: 9, 8, 17
8 + 9 = □
9 + 8 = □
17 − 9 = □
17 − 8 = □

Haus: 12, 9, 3
3 + □ = □
□ + 3 = □
12 − □ = □
12 − □ = □

Haus: 3, 14, 11
□ + 11 = □
11 + □ = □
14 − □ = □
□ − 3 = □

Haus: 9, 7, 16
□ + □ = □
□ + □ = □
□ − □ = □
□ − □ = □

Haus: 11, 7, 4
□ + □ = □
□ + □ = □
□ − □ = □
□ − □ = □

►AH 1B S.73/74

Name: Datum:

Umkehraufgaben/Aufgabenfamilien

1 X oder V?

13 − 4 = 9
9 + 4 = 13 ☐

17 − 11 = 6
11 + 6 = 17 ☐

7 + 7 = 15
15 − 7 = 7 ☐

8 + 9 = 17
17 − 9 = 8 ☐

2

20 ⊖ 7 = ☐
☐ ◯ ☐ = ☐
☐ ◯ ☐ = ☐
☐ ◯ ☐ = ☐

☐ ◯ ☐ = ☐
☐ ◯ ☐ = ☐
☐ ◯ ☐ = ☐
☐ ◯ ☐ = ☐

☐ ◯ ☐ = ☐
☐ ◯ ☐ = ☐
☐ ◯ ☐ = ☐
☐ ◯ ☐ = ☐

3 Erkläre den Begriff „Aufgabenfamilien".

____

____

____

▸AH 1B S.73/74

Name: Datum:

Entdeckerpäckchen

1

15 – 5 = □
14 – 5 = □
13 – 5 = □
12 – 5 = □

12 – 9 = □
12 – 8 = □
12 – 7 = □
12 – 6 = □

13 – 5 = □
13 – 6 = □
13 – 7 = □
13 – 8 = □

15 – 9 = □
16 – 9 = □
17 – 9 = □
18 – 9 = □

17 – 4 = □
18 – 4 = □
19 – 4 = □
□ – 4 = □

11 – 3 = □
11 – 2 = □
□ – 1 = □
□ – 0 = □

12 – 7 = □
13 – 8 = □
14 – 9 = □
□ – □ = □

14 – 10 = □
14 – 8 = □
14 – 6 = □
□ – □ = □

►AH 1B S.75

Name: Datum:

Entdeckerpäckchen

1

20 – 12 = □
20 – 13 = □
20 – 14 = □
□ – □ = □
□ – □ = □

Die erste Zahl ______________________
______________________ .
Die zweite Zahl ______________________
______________________ .
Das Ergebnis ______________________
______________________ .

wird um __ größer

bleibt gleich

wird um __ kleiner

13 – 10 = □
14 – 9 = □
15 – 8 = □
□ – 7 = □
□ – 6 = □

Die erste Zahl ______________________
______________________ .
Die zweite Zahl ______________________
______________________ .
Das Ergebnis ______________________
______________________ .

2

□ – □ = □ ______________________
□ – □ = □ ______________________
□ – □ = □ ______________________
□ – □ = □ ______________________
□ – □ = □ ______________________
____

▸ AH 1B S. 75

Name: Datum:

Rechenmauern

1

	13	
2	3	5

	18	
7	1	9

	15	
6	2	5

2	5	3

1	7	5

3	4	8

5	2	3

10	0	9

8	1	6

2

3

	20	
14		
	5	1

	17	
	9	
1	7	

	14	
11		
	3	

	18	
9		
	5	

	15	
	6	
5		

	12	
7		
		2

▸AH 1B S. 78/79

Name: Datum:

Rechenmauern

1

2	3	4

3	3	4

4	3	4

Die linke Basiszahl wird um ☐ größer.

Die Zielzahl wird um ☐ größer.

2	3	4

2	4	4

2	5	4

Die mittlere Basiszahl wird um ☐ größer.

Die Zielzahl ______________________________.

2 Suche die Fehler. X

	14	
7	8	
3	4	3

	19	
10	9	
5	5	2

	13	
5	8	
1	6	4

3

2		

~~2~~ 12 7 4 16 19 5 6 7 2 10 6

► AH 1B S. 78/79

Name: Datum:

Rechnen mit Geld

1

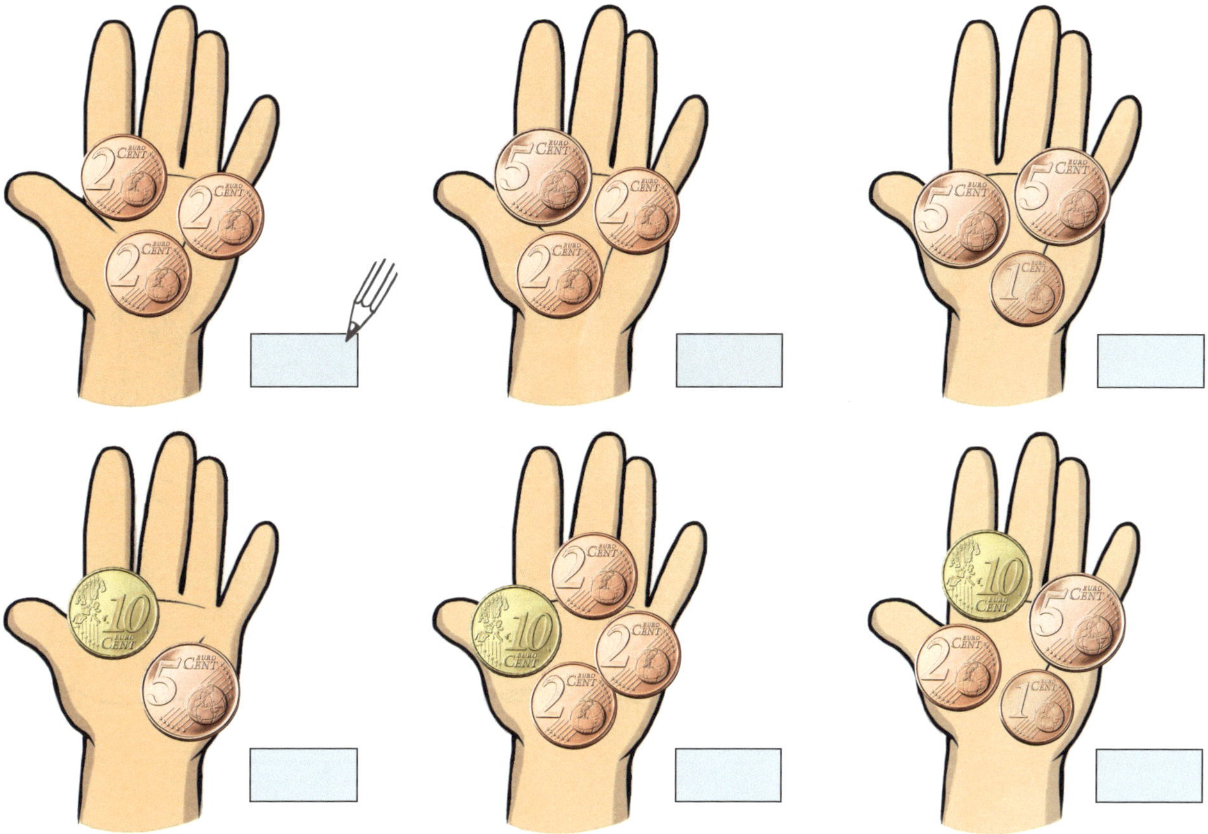

2

2 ct	2 ct	12 ct
6 ct	6 ct	16 ct
9 ct	9 ct	19 ct

►AH 1B S.85

Name: Datum:

Einkaufen

1

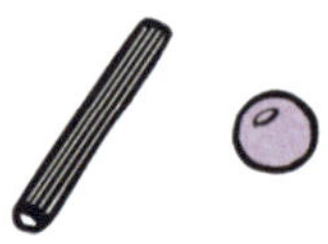	4 ct + 5 ct = ☐	
	☐ + ☐ + ☐ = ☐	
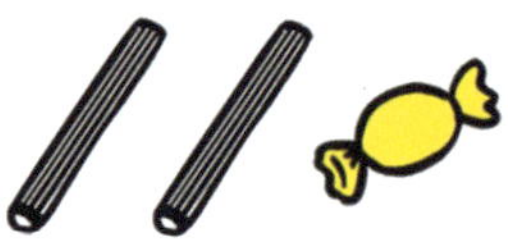	☐ + ☐ + ☐ = ☐	
		10 ct
		10 ct
		10 ct

▸AH 1B S.86

Name: Datum:

Einkaufen

(1)

		2€ + 1€ = 3€	2€ 1€
		☐ + ☐ = ☐	
		☐ + ☐ = ☐	
		☐ + ☐ = ☐	

▸ AH 1B S. 88

Einkaufen

1

		10 €
		10 €

▸AH 1B S.88

Name: Datum:

Rückgeld berechnen

1

	10 ct + 4 ct = 14 ct		20 ct – 14 ct = 6 ct

▸AH 1B S.89

Name: Datum:

Einkaufen ohne Rückgeld

① Immer 20 ct ausgeben.

	8 ct + 8 ct + 4 ct = ☐	

► AH 1B S. 89

Name: Datum:

Uhrzeiten

1

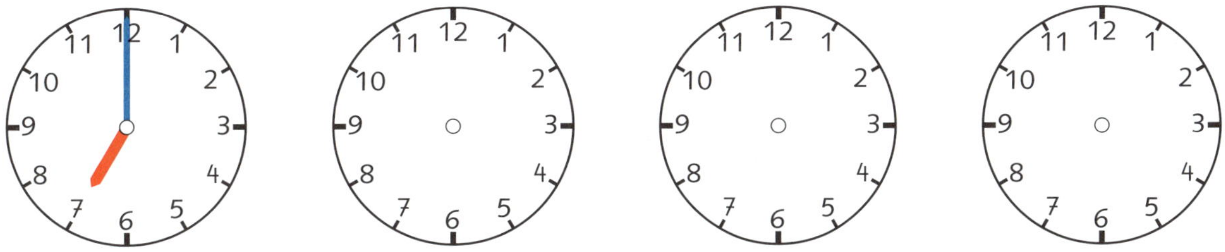

3 Uhr | 21 Uhr | 6 Uhr | 19 Uhr

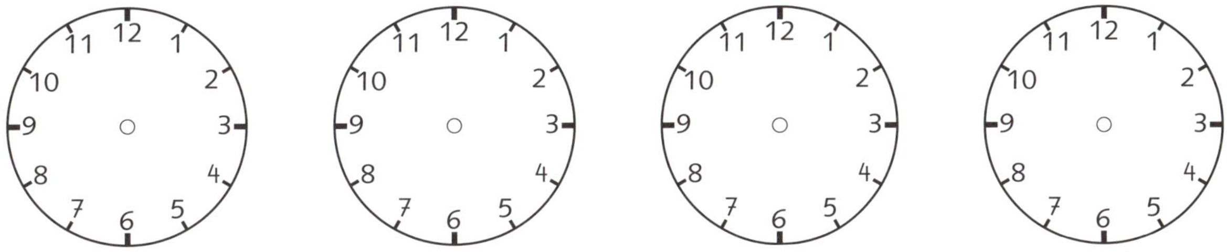

8 Uhr | 24 Uhr | 7 Uhr | 1 Uhr

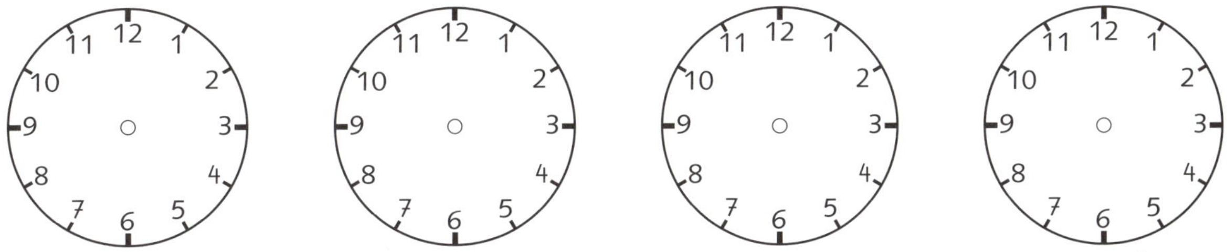

13 Uhr | 20 Uhr | 15 Uhr | 11 Uhr

2

2 Uhr

14 Uhr

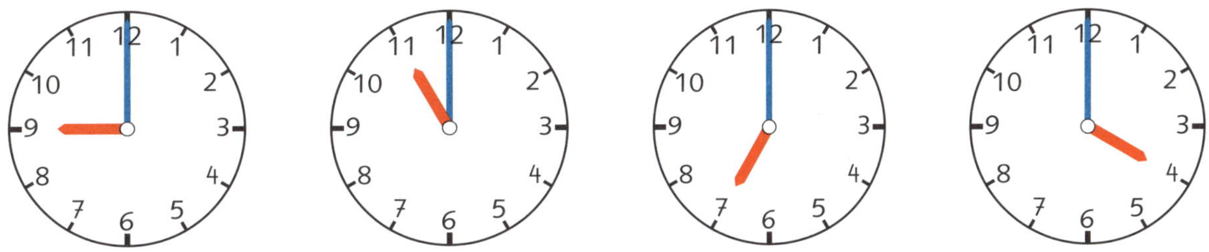

▸AH 1B S.93/94

Name: ____________________ Datum: ____________

Uhrzeiten

1

5 Uhr	______	______	______
______	______	______	______

2

3 Uhr	15 Uhr	16 Uhr	4 Uhr
2 Uhr	______	13 Uhr	______
5 Uhr	______	20 Uhr	______
10 Uhr	______	18 Uhr	______
7 Uhr	______	22 Uhr	______
12 Uhr	______	17 Uhr	______
1 Uhr	______	15 Uhr	______
4 Uhr	______	23 Uhr	______
8 Uhr	______	19 Uhr	______
9 Uhr	______	21 Uhr	______
6 Uhr	______	24 Uhr	______
11 Uhr	______	14 Uhr	______

3

23 Uhr	☐ morgens	☐ mittags	☐ abends
12 Uhr	☐ morgens	☐ mittags	☐ abends
6 Uhr	☐ morgens	☐ mittags	☐ abends

▸AH 1B S. 93/94

Name: Datum:

Tagesablauf/Woche

① 

7 Uhr W | A | S

E | P | O

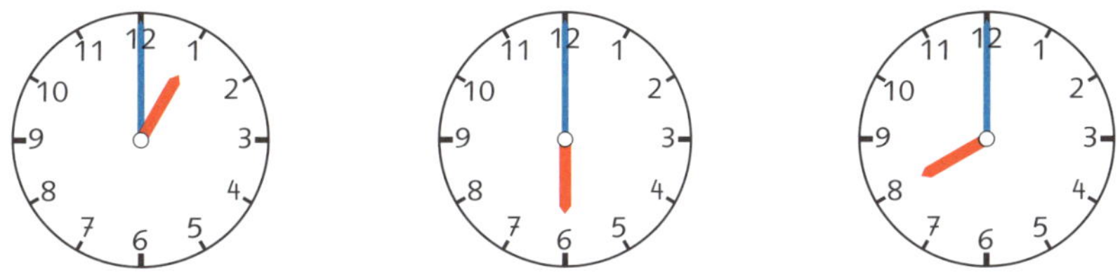

C | E | R

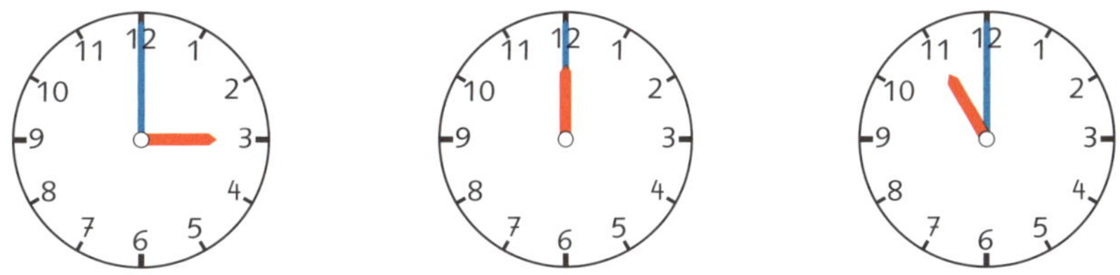

K | I | M

N | L | E

N | B | R

Lösungswort: W ___ ___ ___ ___ ___ ___

▸AH 1B S.96/97

Name: Datum:

Tagesablauf/Woche

1

☐ 3 Uhr ☐ 15 Uhr	☐ 4 Uhr ☐ 16 Uhr	☐ 9 Uhr ☐ 21 Uhr

☐ 11 Uhr ☐ 23 Uhr	☐ 4 Uhr ☐ 16 Uhr	☐ 3 Uhr ☐ 15 Uhr

☐ 1 Uhr ☐ 13 Uhr	☐ 2 Uhr ☐ 14 Uhr	☐ 10 Uhr ☐ 22 Uhr

2

Montag	Dienstag	Mittwoch	Donnerstag	Freitag
Umut 				
Ich 				

▸AH 1B S. 96/97

★★

Name: Datum:

Daten sammeln

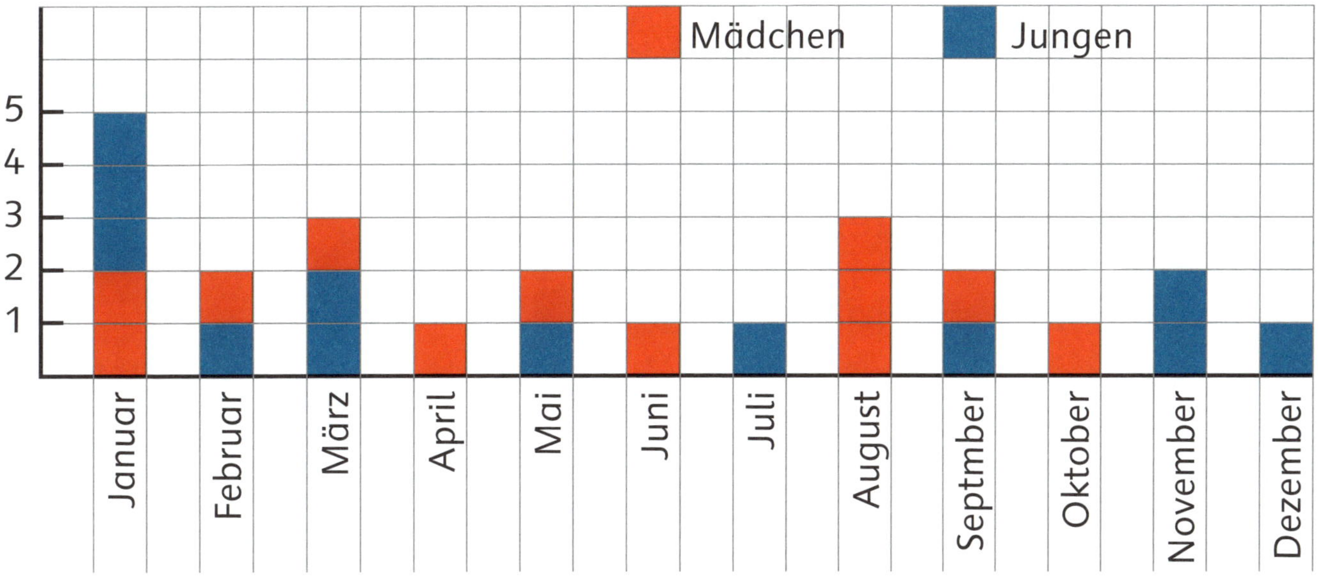

1

In der Klasse 1c sind ☐ Kinder.

Wie viele Kinder haben im Januar Geburtstag?

Im Januar haben ☐ Kinder Geburtstag.

Wie viele Mädchen sind in der Klasse?

In der Klasse sind ☐ Mädchen.

Wie viele Jungen sind in der Klasse?

In der Klasse sind ☐ Jungen.

Wie viele Kinder haben von August bis Dezember Geburtstag?

Von August bis Dezember haben ☐ Kinder Geburtstag.

▸AH 1B S.102

Name: Datum:

Daten sammeln

1 Lies dir den Text genau durch.

In der Klasse 1c sind viele Kinder im Sportverein.

5 Kinder spielen Fußball ■.

4 Kinder spielen Handball ■.

3 Kinder spielen Tennis ■.

2 Kinder schwimmen ■.

Male für jedes Kind ein Kästchen aus.

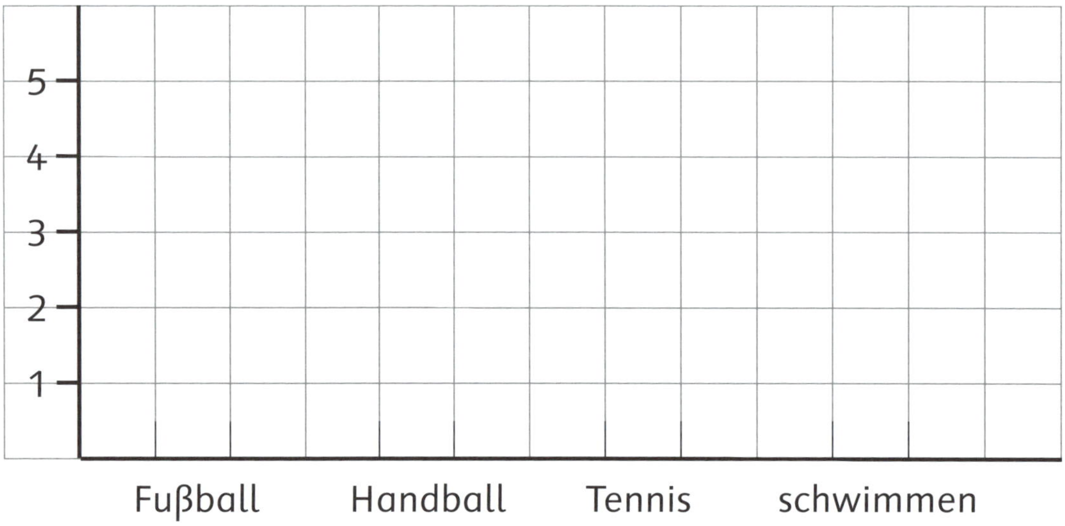

2 Wie viele aus der Klasse 1b machen welchen Sport?

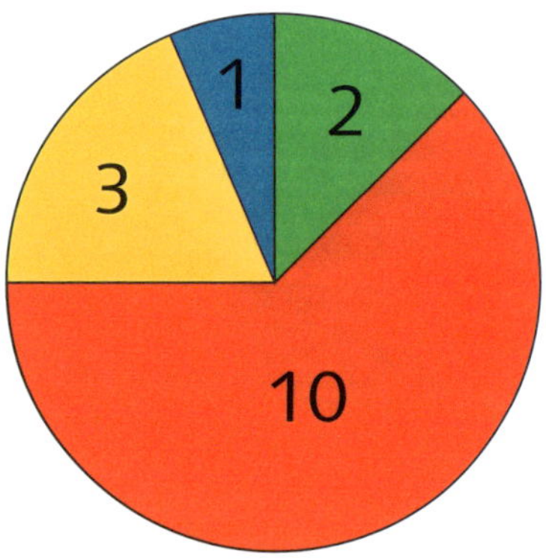

☐ Kinder spielen Fußball.

☐ Kinder spielen Handball.

☐ Kinder spielen Tennis.

☐ Kinder schwimmen.

► AH 1B S. 102

Name: Datum:

Kombinieren

① Lege immer einen ● oder ein ▲.
Finde verschiedene Möglichkeiten.

② Finde verschiedene Möglichkeiten mit vier Formen.

► AH 1B S. 105

Name: Datum:

Kombinieren

1 Du hast diese Steine:

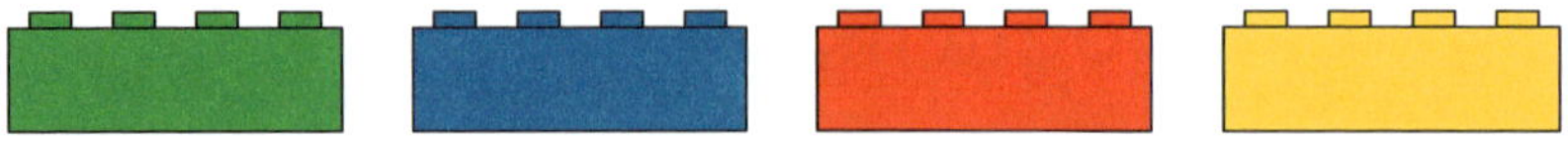

Baue alle möglichen Türme.

2 Wie hast du die verschiedenen Möglichkeiten gefunden? Schreibe auf:

► AH 1B S. 106